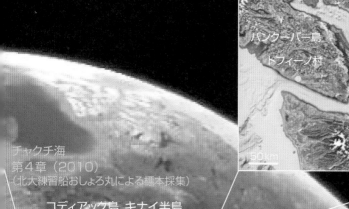

チャクチ海
第4章（2010）
（北大練習船おしょろ丸による標本採集）

コディアック島 キナイ半島
第4章（1998）

バンクーバー島, ピューゲット海峡
第3章（2006, 2015）

ウナラスカ島
第4章（2006, 2014, 2015）

★ 知床半島
　羅臼町

★ 臼尻水産実験所
★ 下北半島むつ市
　（大畑・川内）

★ 南三陸町

★ ひたちなか市

Google Earth

北水ブックス

北海道の磯魚たちのグレートジャーニー

宗原 弘幸 著
写真協力 佐藤 長明

KAIBUNDO

目　次

旅のはじまり

　海の水は，冷たいですよね。北海道の小樽市で育った私は，それが普通のことだと思っていました。でも，本州の海は違うんですね。

　子どもの頃，親から買ってもらった魚貝類の図鑑が好きで，よく眺めていました。その本のなかで普通種と書かれている生き物が，ずっと気になっていました。普通種というのは普通に見られる生物のことで，普通に生活していれば出会うはずの魚種です。しかし，海へ行っても魚屋さんの店先でも見たことのない魚種ばかりでした。身近にいない魚が普通種であることが，不思議でしかたありませんでした。漫画も好きでしたから『サザエさん』をよく見ていました。登場人物の名前が海の生き物であることはすぐに気づきました。けれども，サザエもカツオも実物を見たことがありませんでした。土用の丑の日は，全国的にはウナギの蒲焼きが普通ですが，ニホンウナギがいない北海道ではハモでした。しかし，ハモも北海道には生息しないことをあとで知りました。昭和中期の道民が暑気払いに食べていた蒲焼きはマアナゴか，もしかしたら深海魚のイラコアナゴだと思います。養殖やコールドチェーン（低温流通システム）が発達し，どこでもいつでも食べられるようになったアジやカンパチの刺身，鯛飯，カツオのたたき，てっちり，サワラの西京焼きは，当時の北海道ではなじみがなく，テレビや映画で見るたびに「どこの国の和食だ」という違和感を感じていました。そういえば，マダイとマアジを初めて見たのも日本の海をテーマにした水族館の水槽のなかだった覚えがあります。いずれも図鑑のなかでは日本の普通種ですが，道産子の私にとっては身近にいない遠い存在の魚たちでした。

　当時の北海道の食卓では，マイワシ，ホッケ，ニシン，ハタハタ，シシャモ，サンマ，マダラ，サケが季節替わりで主役の座にいました。また，港や海岸では，チカ，ガヤ（エゾメバル），スナガレイ，カジカ（ツマグロカジカやギスカジカ），アブラコ（アイナメ），コマイが釣れていました。これらの魚種のほと

んどは，日本の魚貝類を紹介する図鑑のなかでは普通種ではありませんでしたが，道産子の私にとっての普通種でした。どうして，日本の普通種と北海道の普通種が違うのか？　同じ国でありながら何が違うのか？　私にとっては，長い間のナゾでした。

　早起きして学校が始まる前に自転車で 10 分ほどの小樽漁港へ行くのが日課というほど，魚釣りに熱中した少年時代がありました。高校生になってからも熱帯魚を飼育したりして魚好きは変わりませんでしたが，大物にこだわらなければ晩ごはんに食べる分くらいは朝飯前に釣れたので，魚釣りには飽きていました。高校卒業後は，実家から大学に通い，理系人間でしたので物理や生化学などを学びました。いつしか子どもの頃に抱いたナゾも忘れ，卒業後，北海道を離れて工場の技術者として働きはじめました。

　工場のある町の居酒屋さんで，刺身や干物にされたマダイ，イサキ，タチウオ，カツオ，マアジなど本州の海でとれる魚をときどき食べました。「これがふつうの日本人がよろこんで食べる魚の味なのか」と感嘆しつつも，漁港から遠い町だったためだと思いますが，魚の身の脂の乗りは少なく，骨は硬く先が尖って食べにくく，上品な味なのかもしれないけど，美味しいと思うことはあまりありませんでした。

　山の麓にたつ職場から悠然とした富士山が望めました。いい環境にいると思いましたが，毎日眺めているうちに，「子どもの頃に描いていた未来の自分とちょっと違う」感が湧き上がってきました。「山より海が見たかった。工業製品より魚を調べるほうが好きかな」。一時のホームシックだったかもしれませんが，そんな想いがまさり，半年後には魚の勉強ができる大学院へ行こうと会社を辞めていました。

　進学先で研究テーマを決める際，釣りではなく，水槽の外からでもなく，海のなかで北海道の磯魚を調べる研究をしたいと考えました。水産学は，市場で流通する経済価値の高い魚の資源変動が関心事です。時代は，海の国境が 200 海里になるぞ，という日本の遠洋漁業の行き止まりが見え，近い将来には，いまは経済価値が低い磯魚の生態研究も必要になる，という時局に直面していました。とはいえ，確たる見識は私にはありませんでした。しかし，巡り合わせ

がよかったのだと思います。所属した「北洋水産研究施設 海洋生態学研究部門」は先取り気質にあふれ，沿岸漁業への転換に備えて日本近海の生物に関する知見の重要性を見越していました。こうした時代背景と先輩方に恵まれて，アイナメやカジカなど，磯魚の繁殖生態を研究することが許可されました。

　大学院では，卵を孵化させて稚魚を飼育し，顕微鏡で卵細胞や精巣の発達過程を観察しました。スキューバ潜水を覚え，海のなかで親魚が卵を保護する様子や産卵の瞬間も観察でき，念願だった繁殖生態の研究を始めることができました。そして，生物には個体による違いがあること，成長や成熟を効率よく確実に行うシステムを競うきびしい競争があり，その競争に勝ち続けた生き物の子孫が，私たちが普段見ている野生生物であることを理解しました。チャールズ・ダーウィンが見抜いた生命の本質，自然淘汰と進化の仕組みを感ずることができました。

　大学院を修了してから3年後の平成4年（1992年）に，それまで研究フィールドにしていた北海道大学臼尻水産実験所に職を得ました。北海道の磯魚の研究をずっと続けられるようになりました。その頃の大学は，遺伝子の増幅装置（サーマルサイクラー）や自動解読装置（オートシーケンサー）が一気に普及し，生物の行動や種間関係を遺伝子分析で解明する新時代の生態研究の夜明けを迎えていました。遺伝学，生化学，情報学など，さまざまな研究分野の壁が崩れ，そこが窓となって研究分野がつながっていく時代。それは生態学の裾野が広がり，生物学全体が躍動する時代の到来でした。

　職を得る前にもお世話になっていた京都大学霊長類研究所の生化学研究室竹中修先生（故人）と竹中晃子先生に師事し，野生生物の研究に変革をもたらした遺伝子解析技術をみっちりと教わりました。海もつながっています。北海道の磯魚の本当の姿を知るには，北海道とつながりのある海を潜り，その海に生息する魚たちを知る必要があることに気づきました。北海道の磯魚たちが，いつ，どこから北海道へやってきたのか。ここまでやって来る途中でどんな困難に出遭ったのか。そしてどのようにして乗り越えて生き残ってきたのか。"北海道に棲む磯魚たちのグレートジャーニー"を調べる旅に出ることにしました。

第1章

北海道に棲む磯魚たちの ルーツと旅路

北海道の魚類相

　最初の章は，磯魚たちのグレートジャーニーをたどる旅のガイドブックです。

　ある国やどこかの海域，島など，地理的に区切った範囲内で見つかる全種をまとめて，その場所の「生物相」と呼びます。魚類に限れば「魚類相」で，北海道に出現した魚類のリストが「北海道の魚類相」です。一方「日本の魚類相」は，北海道も含めた日本のどこかに出現した全魚種です。魚食文化が根付いている日本では，魚類への関心が高く，この30年くらいの間に日本の魚類に関する図鑑がたくさん出版されました。そこで，北海道は『北海道の全魚類図鑑』（尼岡邦夫ら著, 北海道新聞社, 2011）を，日本全体については『日本産魚類検索 第3版』（中坊徹次編, 東海大学出版会, 2013）を参考に，それぞれの魚類相を整理しました。これらの図鑑には，北海道の魚類として651種，日本の魚類として4180種が，それぞれリストアップされています。各リストの種を「科」ごとにまとめて，それぞれの種数ランキングベストテンを作成しました（表1.1）。この表を見ると，日本で種類が多い科は461種のハゼ科を筆頭に，2位ベラ科，次いでハタ科，スズメダイ科，テンジクダイ科です。これらの科の名前を聞いて，その魚をイメージできる人は，道産子ではかなりの魚通だと思います。釣りが趣味という人や魚屋さんでも，聞き覚えのある科名はハゼくらいではないでしょうか。

　これらの科の北海道での分布状況はどうなのかというと，ハゼ科が25種見つかっていますが，そのうち海産種はマハゼ，アカオビシマハゼ，ミミズハゼなど12種で，その他13種は淡水ハゼです。ベラ科では，コブダイのほか，キュウセン，それに『北海道の全魚類図鑑』が出版された後に臼尻で見つかっ

たホンベラが加わります（百田・宗原，2017b）。スズメダイ科では，スズメダイとソラスズメダイに，イソスズメダイが臼尻で見つかりました。どちらの科も100種類以上が日本に分布しますが，それぞれ3種しか北海道では見つかっていません。しかも，これらは道南の離島にいるコブダイを除き，すべて稚魚もしくは幼魚で，冬を越すことなく死滅します。なので，北海道では，季節漂流魚となります。ハタ科とテンジクダイ科では，本州の深い水深域にも生息するマハタとテンジクダイが，暖流の影響を受ける道南で採集された記録があります。日本ランキングのトップファイブの「科」に含まれる約1000種のうち，北海道の海で見られる種はわずか20種に過ぎず，淡水魚のハゼ類を含めても33種，割合は3％です。北海道の魚類相651種は，日本の魚類相4180種の15.6％なので，北海道には日本でよく見られる魚が極めて少ないことが記録の上からもわかりました。

　では，北海道ではどんな魚種が多いのか，北海道ランキングを見ましょう。トップは54種のカジカ科です。それに次ぐのがゲンゲ科40種で，タウエガジ

表1.1　日本および北海道に分布が確認された魚種をそれぞれ科ごとに種数を比較したランキング。科名の色は，その科の多くの種が生息する環境を示す（青字：寒帯，橙字：寒帯～温帯，赤字：温帯～亜熱帯，黒字：深海）。

日本の魚類（約4180種）			北海道の魚類（約651種）		
順位	科名	種数	順位	科名	種数
1.	ハゼ科	461	1.	カジカ科	54
2.	ベラ科	146	2.	ゲンゲ科	40
3.	ハタ科	134	3.	タウエガジ科	37
4.	スズメダイ科	106	4.	カレイ科	32
5.	テンジクダイ科	96	5.	フサカサゴ科	28
6.	カジカ科	88	6.	クサウオ科	26
7.	ハダカイワシ科	87	7.	ハゼ科	25
8.	イソギンポ科	78	8.	トクビレ科	20
9.	ソコダラ科	68	9.	ガンギエイ科	19
10.	フサカサゴ科	67	10.	サケ科	13
11.	ゲンゲ科	64			

科 37 種，カレイ科 32 種，フサカサゴ科 28 種までがトップファイブです。こ
れらの科の全国順位は，カジカ科が 6 位，フサカサゴ科が 10 位，ゲンゲ科が
11 位で，カレイ科とタウエガジ科はランク外です。北海道ランキングは，日
本ランキングとまったく異なっていますね。

　日本は南北に長く，深い深度の海域もあり，また性質の異なる海流が流れて
いるため，多様な環境の海に囲まれています（図 1.1）。そこで各科の属する魚
種の多くが，どのような環境に生息しているかを調べ，各科を寒帯，寒帯〜温
帯，温帯〜亜熱帯，深海の 4 つに分けました。見やすくするため表 1.1 では，
科名を色分けしました。日本ランキングトップファイブの科は，赤字の温帯か
ら亜熱帯の海に生息する魚たちです。ただし，ハゼ科だけは川や湖など淡水域
に生息する種もいます。日本ランキングのトップファイブが赤色軍団だったの
に対し，北海道ランキングは，寒流系を示す青色が 1，3，4，6，8，10 位に入

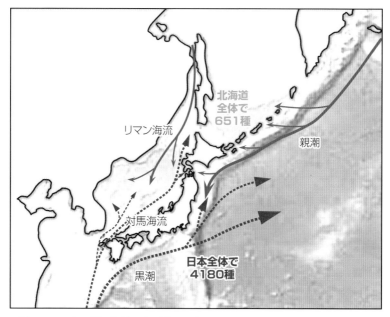

図1.1　日本周辺の海流と魚種数。日本のなかで，寒流が流れる北海道の海は
特別な存在である。日本海を流れる対馬海流は，日本沿岸を通って津軽海峡と
宗谷海峡へ抜ける。日本海北部のロシア沿海州沿岸は，リマン海流が流れるた
め寒流の影響を強く受ける。海の色は深度に沿って濃く表されている。

っています。日本ランキングと異なっていた理由が徐々にはっきりしてきました。

磯魚たちの生物系統地理

　日本全体では温かい海に生息する魚種が多いのに対し，北海道は日本のなかで特別な場所，寒流を好む魚たちが躍動する海だということがわかりました。これは北海道の海には寒流が流れ，低い水温という環境に適応した魚類が多いという結果でしょう。しかし，この回答では北海道に日本の普通種がいないというナゾが解けたとは思えません。たとえば，寒い海が好きな点では共通しているホッキョクグマは北極圏にだけ生息し，ペンギンは南半球にしか分布していません。これはホッキョクグマが北半球に生息するヒグマと共通祖先を持つこと，一方のペンギンたちは南極大陸で起源したなど，それぞれ異なる種形成の歴史を持つからです。環境への適応だけでは生物相は決まらないのです。

　生物の「種」はそれぞれに祖先種があり，新しく分化した種は祖先種とよく似ています。長い時間が経過すると，近縁な種間には共通点が多く，遠縁の種間ほど相違点が増えるということになります。そうした種間関係が系統で，図に表現したものが系統図あるいは系統樹です。この種間関係は生物の分布にもあてはまり，地理的に近いほど近縁な仲間がいるはずです。ただし，生物の長い形成史のなかでは，種の絶滅も起こります。系統関係でいうと，最も近縁な種間でも共通点が少ないといったケースになります。それを分布に置き換えると，近縁種が近くにいないという状況です。こうした系統と分布を時間軸に沿って考えると，ある系統の形成史に関して，その祖先種が起源し発展を遂げやがて衰退するまでの，どの段階にあるかを推定できます。こうした生物の歴史と分布を探究する学問が生物地理学と分子系統学が結びついた生物系統地理学と呼ばれる研究分野です。

　北海道ランキングトップはカジカ科です。ランキング上位のトクビレ科とともに，カジカ上科というひとつ上位の分類群に含められます。そこで生物系統地理学の視点でカジカ上科の系統と各科の種数を地域間で比較して，北海道の磯魚のルーツと形成史を復元してみます。この作業には，日本に生息する種だ

けでなく全種の分布情報が必
要になりますが，うってつけの
情報源があります。魚類に関
する世界最強のデータベース
FishBase（http://www.fishbase.
org/search.php）がそれです。

　まず FishBase に掲載されて
いるカジカ上科 8 科 108 属 387
種の分布域を調べて，海産種に
ついて，（A）アラスカ半島か
らカリフォルニアにかけての
北太平洋東岸，（B）千島列島
とサハリンから日本周辺と沿
海州の北太平洋西岸側，これら
の中間に位置する（C）オホー
ツク海とカムチャツカ半島か
らアリューシャン列島，さら
に（D）ベーリング海以北の北
極海から大西洋，そして（E）
南米や南極海など南半球，こ
の 5 つの地理区分によって分
けました。そして，それぞれ
の海域に分布する種数をカウ
ントし，科ごとにまとめまし
た（図 1.2）。各種の分布情報に
ついては http://www.kaibundo.
jp/hokusui/isouo_1.xlsx をご覧
ください。

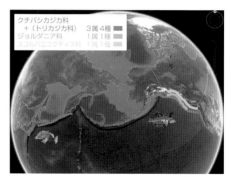

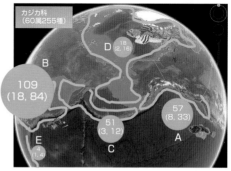

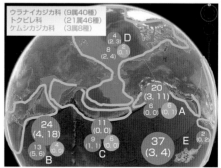

図1.2　カジカ上科各科の海域別分布種数。科
の分類は Smith & Busby（2014）を参照し
た。円の色は科名の色に対応し，大きさは分布
する種の相対数を表現する。円内の数字は分
布種数，括弧内は海区の固有属と固有種数を表
す。分布域が重複する種は，それぞれの海区で
カウントした。カジカ科には，ジョルダニア科と
スコルパエニクティス科は含まれていない。ア
ルファベットは本文の地理区分に対応する。

　系統地理学的分析には，系統関係も必要になります。その情報は，Smith &
Busby（2014）による分子系統を参照しました（図1.3，図1.4）。分子系統の
結果はFishBaseの分類とは少し異なっていますが，魚類カタログとして評価
が高い"Fish of the World the 5th eds"（Nelson *et al.*, 2016）にも取り入れられ
ています。系統の古い順に種数と分布を見ていきましょう。カジカ上科のなか
で最も祖先的な位置にあるのはジョルダニア科です（図1.2参照）。1属1種
で，アラスカからカリフォルニアにかけて北太平洋東岸にのみ分布します。私
たちのバンクーバー島での調査では，普通に見ることができました（第3章）。
次に古い系統はクチバシカジカ科です。FishBaseでは1属1種ですが，分子
系統ではトリカジカ科2属3種が加わりました。北太平洋の両岸に分断分布
しています。スコルパエニクティス科は，キャベゾンと呼ばれるカジカ上科最
大サイズの魚1種だけの1属1種からなり，ジョルダニア科と同じ北米に分布
します。これら3つの科の分布と系統パターンは，北太平洋東岸がカジカ上科
の起源地に近いことと，この3科が種数が少なく衰退傾向にあることを示して
います（図1.5）。

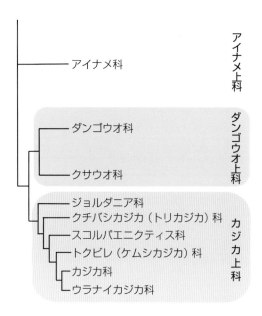

図1.3　カジカ上科魚類の分子系
統図（Smith & Busby（2014）
から抜粋）。これまでカジカ科に含
まれていた*Jordania zonope*と
Scorpaenichthys marmoratus
はそれぞれ1属1種のジョルダニ
ア科とスコルパエニクティス科に独
立した。またバイカル湖固有のコメ
フォラス科とコットコメフォラス科は
カジカ科に含められた。カジカ上科
とダンゴウオ上科の上位分類群は
カジカ亜目で，アイナメ上科なども
属す。

図1.4　カジカ上科各科の代表的な種
(a) ジョルダニア科ジョルダニア
　　（*Jordania zonope*）
(b) クチバシカジカ科クチバシカジカ
　　（*Rhamphocottus richardsonii*）
(c) スコルパエニクティス科キャベゾン
　　（*Scorpaenichthys marmoratus*）
(d) トクビレ科アツモリウオ
　　（*Hypsagonus proboscidalis*）
(e) ケムシカジカ科イソバテング
　　（*Blepsias cirrhosus*）
(f) カジカ科レッドアイリッシュ
　　（*Hemilepidotus hemilepidotus*）
(g) ウラナイカジカ科ソフトスカルピン
　　（*Psychrolutes sigalutes*）
（撮影：佐藤長明）

14

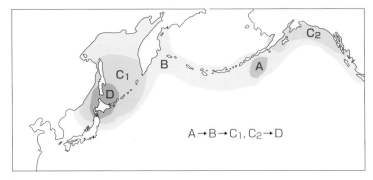

図1.5 分布の段階法則。網掛けした部分が仮想的な分布域を示す。例として，アラスカ半島の南岸部で起源した種を想定した（A：初期固有期）。種分化が進み，分布が連続的に拡がる（B：連続広分布期）。やがて環境変化あるいは競争などにより衰退し，分布域が分断される（C：不連続分布期）。衰退が続き，限られた分布域に遺存固有種だけが残る（D：遺存固有期）。（西村，1974を基に作成）

　一方，トクビレ科は非常に広い分布域と21属46種に分類される多くの種からなります。北太平洋全域に加えて南米のペルーとチリ，南極海の一歩手前まで分布しています。東京都葛西臨海水族園でチリ産のトクビレ科魚類が飼育されています。深海適応（低温耐性と暗視能など）を進化させた種が現れたため赤道の横断に成功したのでしょう。カジカ上科最大の60属255種（淡水種75種を含む）のカジカ科は，北太平洋東岸側で固有属8固有種33を含む57種が分布し，西岸側には109種が分布，そのうち18属84種が固有種です（図1.2参照）。固有属・固有種というのは，その海域にしか分布しない種なので，それらが多いということは，その海域で種分化が盛んだったということです。この2つの地理区分の間のカムチャツカ半島・アリューシャン列島沿岸，その北側のベーリング海・北極海・大西洋にも，数は少ないですが固有属・種がいます。カジカ科に見られる，この固有属・種の地理的出現傾向は，トクビレ科も同様です。北太平洋全域がカジカ科とトクビレ科の種分化の舞台になっているようです。深海性種を多く含むウラナイカジカ科9属40種は，南半球への進出が目を引きます。分布パターンから見て，太平洋東岸を南下し，さらに南北に走る水深6000 mを超える中央アメリカ海溝やペルー・チリ海溝を伝って一部は南極海へ侵入したように思います。オーストラリアやニュージーランド，

南アフリカにも分布していま
す。ここまでの経路については
想像の域を出ませんが，深海の
環境はどこも類似しているの
で，南極海から北上したのかも
知れません。祖先種に近い系統
とは異なり，後半の3つの科は
起源地から分布域を拡げ，現在
も繁栄を続けるグループと言え
るでしょう。

　カジカ上科は，さらに上位の
分類群カジカ亜目に属します。
この亜目には，北海道ランキン
グ上位のクサウオ科とダンゴ
ウオ科で構成するダンゴウオ上
科，さらに種数は少ないけれど，
北海道の磯釣りの王様アイナメ
や食卓でお馴染みのホッケを含
むアイナメ科のみからなるアイ
ナメ上科も属しています。また
北海道ランキング2位と3位の
ゲンゲ科やタウエガジ科も北太
平洋沿岸に多くの種が分布しま
す（図1.6）。生物地理学的に類
似した分布パターンを持つ魚類
は，同様の形成史を持ち，長く

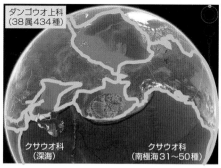

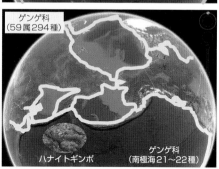

図1.6　カジカ上科以外の主な環北太平洋
要素種群の種数と分布域。クサウオ科は両
極海にもマリアナ海溝最深部にも分布する，
地球で最も広く深く海を征服した魚類。

共存し，同じ時代をサバイバルしてきた仲間と考えられます。そこで，これら
の魚類，つまり北海道の主な磯魚たちとそれらの系統の魚類を，"環北太平洋
要素種群"と呼ぶことにします（図1.7）。

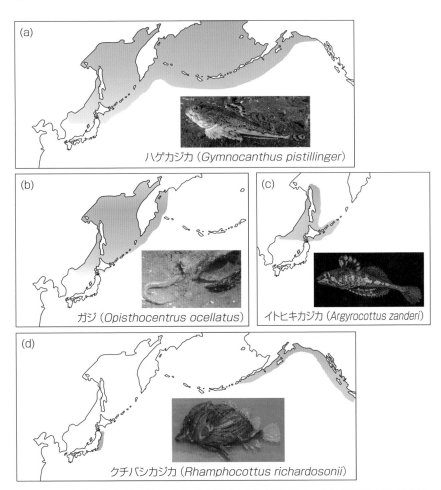

図1.7 北海道に分布する磯魚の主な分布様式（生物地理要素）。生物地理学では，分布パターンを類型化して系統の起源と形成史を分析する。その際に分布パターンを「生物地理要素」と呼ぶ。(a)「環北半球寒帯要素」：北極海を通して北大西洋と北太平洋に分布する。ツマグロカジカ属ハゲカジカを例に分布域を示す（本属の系統地理については第5章で詳述する）。(b)「北太平洋要素」：日本海北部，北日本太平洋沿岸，オホーツク海，ベーリング海，北太平洋沿岸に分布する。北海道ランキング第3位のタウエガジ科ガジの分布を例示する。(c)「東アジア固有要素」：オホーツク海，日本海，日本列島太平洋沿岸，東シナ海などに分布する。イトヒキカジカの分布を例示する。(d)「日本–オレゴン要素」：クチバシカジカの分布を例示する（第4章参照）。ウナライカジカ科やゲンゲ科，クサウオ科には，北極海と南極海および両極をつなぐ深海の冷水域に分布する「環冷水要素」の種もいる。また日本の温帯性魚類のほとんどが含まれる「インド–西太平洋要素」もわずかに北海道で見られるが，冬季には本州に回遊するか死滅する種である（第7章参照）。（地理要素の名称は，中坊（2013）より）（(a), (c) 撮影：佐藤長明）

　Smith & Busby（2014）の分子系統では，ケムシカジカ科とカジカ科のヨコスジカジカ属およびトクビレ科の近縁性を認め，これらをまとめたトクビレ（ケムシカジカ）科を提唱しています。この研究に従うとトクビレ科は，7 種がプラスされて合計 27 種。ツーランクアップして堂々たる 6 位入賞となります。北海道ランキングにトップと 6 位，2 つの科を持つカジカ上科は，風貌も然りですし，北海道の魚の顔役と言えるでしょう。

磯魚たちの種分化過程

　種数に注目してきました。では磯魚たちは，どんなときに系統図の枝を伸ばし，新しく種が生まれるのか。ガイドブックの最後は，種分化の仕組みについてです。

　海水面の低下や地面の隆起によって，海が分断されることがあります。そうなると，海の生き物たちの集団も 2 つに分断されます。分断された時間が長いと，それぞれの環境に適応した形質が異なる 2 つの種に分化していきます。これを「異所的種分化」と呼びます。環北太平洋は，アラスカ半島からアリューシャン列島，カムチャッカ半島，千島列島，そして日本列島まで真珠の首飾りのように島嶼が連続しています。この海域の生物たちは，氷河期や温暖期に百数十 m も海水面が変動する時代を経験してきました。日本海やオホーツク海など太平洋と隣接する縁海は，分断されて孤立した時代がありました。その時代に，異所的種分化でさまざまな固有種が生まれたでしょう。わかりやすい話ですね。しかし，地殻も環境も地球誕生以来，継続して変動しています。海の分断と連続は繰り返されています。海がつながった時代が再び来ると，分化した種が再会し，交雑することになります。これを "二次的接触" と言います。遺伝子を調べることで，隠されていた分断と再会の痕跡を見つけることができます。生態学の新たな楽しみです。本書でも紹介します。

　同所的に生息した状態で，1 つの種が 2 つの種に分かれることがあります。実際にこれを実証することはかなりの難題です。その 2 種が近縁で，もとは 1 つの種であったこと，種分化する時代には他所からの移入がなく隔絶した生息地であったことなどがわかっていなければならないからです。こうした条件

がそろって研究できるのは，正確な地学的データを得やすく閉鎖的な"湖"に生息する魚種です。同所的に生息する1つの種のなかで，自分と同質な個体を識別する配偶者選択が強く働く場合は，わずか1万年の間（地史的スケールでは一瞬）に種分化することもあるようです（Goldschmidt, 1999: 丸武志訳; Elmer *et al.*, 2010）。当然，同所的種分化は海産魚でも起きます。しかし広い海では同所的種分化を実証する条件がそろうことは，ほとんどありません。淡水魚の場合とは異なるアプローチで，北日本沿岸を舞台に，アイナメ属のアイナメとクジメが同所的に種分化したことを実証することができました（Crow *et al.*, 2010）。しかも，この2種と遠縁のスジアイナメが絡み半クローンという特殊な生殖様式を持つ雑種が存在し，その起源も明らかにできました（Kimura-Kawaguchi *et al.*, 2014）。さまざまな種分化の歴史を持つアイナメ属は，種分化研究の絶好のモデルです。二次的接触をはさんで600万年前から続くアイナメ属のファミリーヒストリーを第6章で解き明かします。

　個体群の分散が一部で進行して分離し，最終的に種分化する仕組みが，「側所的種分化」です（Futuyma, 2009）。ダンゴウオ科やゲンゲ科の胎生魚ナガガジなど，ごく少数の例を除き，海産魚の生活史初期はプランクトン（浮遊生物）です。この時期は，成魚期に底生性の磯魚となる魚種でも，離れた生息地に進出するチャンスがあります。こうした生活史を持つ魚種は，側所的種分化が起こりやすい（Rocha & Bowen, 2008）。環北太平洋沿岸の連続した島嶼は，磯魚が側所的種分化を起こしやすい環境です。初期生活史の長さや分散の規模は，種や系統によってさまざまですが，どの種にも側所的種分化のチャンスはあるでしょう。そのチャンスにかける，いまを生きる磯魚たちのチャレンジを第7章でのぞいてみます。

　現在の北海道に生息する磯魚たちは，激しく地球規模の環境変動が続いた時代に，北太平洋沿岸のさまざまな海域で耐えて，それぞれの系統をつないできました。激動の時代を戦い抜いた強者（つわもの）たちの歴戦ぶりをたどってみます。

第2章 ロシア沿海州の旅
――北海道の原風景を求めて

ロシア科学アカデミーを訪れる

　歴戦をたどる旅は，日本海を挟んで対岸にあるロシア沿海州のピョートル大帝湾からです。この湾は，噴火湾とほぼ同緯度に位置します。湾奥には，ソビエト連邦時代，極東の軍事拠点として秘密のベールに包まれていたウラジオストク市があります。いまや，ロシア観光のアジア側の玄関口として華やかな賑わいで鳴らす近代都市となりましたが，ソビエト時代は，外国人はおろか，ウラジオストク市外に居住するソ連人でさえ訪れることが自由ではなかったという暗黒都市でした。ウラジオストクは，北海道から東京よりも近い街です。しかし，日本人が入国できるようになったのは，ソビエト連邦が崩壊し，現在のロシアが誕生した後です。1998年に，初めてウラジオストクの土を踏みました。この街にあるロシア科学アカデミー海洋生物学研究所との共同研究のためです。

　海洋生物学研究所は，20世紀初頭に建設されたレンガ造りの重厚で堅牢な建造物で，ピョートル大帝湾を望む街中から離れた断崖に立っていました。9階建ての研究所を下から見上げると中世の宮殿，空から見下ろすと古代のコロセウムのようなアーティスティックな威容に歴史を感じます（図2.1）。市街地では画一的で特徴のない建物ばかりなのに，このような洗練された美しい建物が100年近く前のロシア極東の街に建設されていたことが，にわかには信じられませんでした。

　生物学や工学にも国力を注いでいた時代を想像しながら，研究所に入ると，軍靴を履いて銃を肩にかけた兵士に迎えられました。無表情な兵士が放つ鋭い眼力で，頭のてっぺんからつま先まで何度も舐め回され，一瞬でロシアにい

図2.1　ロシア科学アカデミー海洋生物学研究所。9階までエレベーターもあるが，大きな荷物を運び上げるスロープ階段があった。

図2.2　ウラジオストク軍港。いまは自由に往来も見物もできる。

る現実に引き戻されました。ウラジオストク空港から市内に入る際に，荷物を積んだバンを止められ，コンテナやスーツケースをすべて開けさせられる臨検の洗礼を受けていました。兵士がなにごとか話しながら近づいてきたとき，またかと思い，金縛り状態で立ちすくみました。このときは幸いパスポートとビザの提示だけで，持ち物を検められることはありませんでした。このように20世紀末のウラジオストクは，秘密都市のダークな雰囲気がまだ随所に残っていました（図2.2）。研究所を最後に訪れた2007年には，受付は兵士から親切で愛想のよい守衛さんに替わっていました。

　共同研究者は，海洋保護区を管理している魚類学研究室のピトルック教授とマルケビッチ教授です。クサウオ類の分類学者で研究部門を統括するピトルックさんは，調査の企画からビザの取得，移動や滞在中の宿や食料，標本の持ち出しまで，多くの事務仕事を切り回す辣腕を持っていました。とくに標本の持ち出しでは，ロシアは生物多様性条約を批准し自国の遺伝子資源を重視する政策をとっているために，許可を得るのは簡単ではなく，ピトルックさんの凄腕に助けられました。一方，海洋保護区を研究フィールドに生態研究をしているマルケビッチさんは，潜水部門や工作部門など，あらゆる面で分業化し専門スタッフ制を敷くロシアでは，異端の研究者です。自らスキューバ潜水をして標本採集や分析を行い，海洋保護区にセルフビルドのコッテージまで持っていました。企画，予算取り，実行ととりまとめ，すべてセルフの日本の研究者とは共通するところが多く，調査現場で遭遇する問題も，解決策で対立することは

ありませんでした。互いに外国語の英語でのコミュニケーションのため，もどかしさを感じるときもありましたが，マルケビッチさんとの 3 回の共同研究では，毎回楽しい思い出をつくることができました。

海洋保護区，ペリス島を潜る

　ウラジオストクのある半島がアムール湾とウスリー湾に分け，その 2 つの湾を含む大きな湾がピョートル大帝湾です。その湾口部にロシア唯一の海洋保護区，ボルショイ・ペリス島があります。日本海には，朝鮮海峡から北上する対馬暖流と，間宮海峡から南下するリマン寒流が流入しています（図 1.1 参照）。それぞれの海流の影響は日本側と大陸側で異なり，日本側では対馬暖流が優勢です。大陸に沿って流れるリマン寒流はピョートル大帝湾の水温を下げ，とくに冬が厳しく，ウラジオストク港内は凍結するようです。そうした違いはあるものの，研究目的以外の動植物の採捕を一切認めず，環境と生物を保護してきた海洋保護区には，北海道の原風景と出会える期待がありました。

　ウラジオストクからペリス島まで 33 マイル（図 2.3）。最初の調査では，か

図2.3　ロシア唯一の海洋保護区と調査地。左上はピョートル大帝湾口部の島々，左下は調査中に日本隊が宿泊したレンジャーの宿舎。右上はマルケビッチさんがセルフビルドしたペリス島のコッテージで，入り口近くに腰掛けて奥様と日向ぼっこ。

なりくたびれた船で5時間揺られて，ようやく島影を見ることができました。海洋保護区とそこに生息する生物たちがつくり出す，まだ見ぬ景観への期待が，待たされた分だけ高まってきました。ペリス島は周囲10kmの小さな島で，密漁監視のレンジャーが1人常駐しています。夏から秋にかけては，マルケビッチさんも滞在します。1978年からほぼ毎年来ているマルケビッチさんの調査に同行するという形式で，海洋保護区での採集が許可されました。

　小さな入り江に船着き場があり，その奥にレンジャーの住居と，少し離れた場所にマルケビッチさんのコッテージが建てられています。船着き場から何往復もして，船から食料品と潜水機材を宿舎へ運び終え，明るいうちにと早速，下見のダイビングに出かけました。船着き場の脇からエントリーすると，大きなお腹を抱えた見慣れたケムシカジカ（*Hemitripterus villosus*）が，あっちこっちに鎮座しているのを発見しました。日本のケムシカジカよりもふた回りは大きく貫禄があります。9月から10月が産卵期で，沖合から浅瀬に移動する生活年周期は，北海道のケムシカジカと同じようです。

　入り江の外に出ると，これまた大量のホッケと遭遇しました。体全体が薄青色で，眼の周辺から吻端および尾鰭の先が黒くなる婚姻色を呈した雄です（図

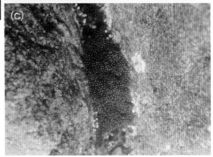

図2.4　繁殖期のホッケ。(a) 卵塊（枠内）となわばり雄（中央）と雌（矢印の先），(b) 鰭を立て鰓蓋を広げて威嚇する雄，(c) 岩の割れ目に産みつけられた卵塊。

2.4）。警戒した様子で泳ぎ回り，その下の岩と岩の隙間に産みつけられている卵塊を守っていました。両顎と鰓蓋を目一杯広げての威嚇と小競り合いがあちらこちらで見られ，海のなかが殺気立っていました。波打ち際から水深 4〜8 m までの斜面の至る所になわばり雄が陣取る景観が，数百 m 先まで続いていました。ものすごい数のホッケ（*Pleurogrammus azonus*）です。

　ペリス島で調査すべきことは，最初のダイビングで即決です。

好奇心そそるカジカたちの多様な交尾行動

　ケムシカジカは，ロシア沿海州のほか，福島県および福井県以北の北日本にも生息しています。この海外調査の前に，本種を含むカジカ上科魚類，略してカジカ類の繁殖生態を何種かについて研究していました。

　ケムシカジカは，交尾—卵隠蔽型（あるいは卵寄託型）と名付けられた繁殖様式をとります。これは，交尾をした雌が卵を安全な場所に隠す繁殖方法のことです。バイカル湖には胎生カジカもいますが，その 2 種を除くと，カジカ類はすべて卵生魚です。こうした交尾をする卵生カジカ類では，交尾により精子は卵巣に移送されますが，すぐには受精しません。しばらく卵巣液のなかで休止し，産卵の準備が進み排卵したときに，精子は再び動き出して卵門に向かいます。すり鉢状の卵門は，卵細胞への通り道の入り口です。そのなかに，いの一番で侵入できた精子が，その卵と受精します（図 2.5）。ただし，ここでも一旦停止があります。交尾型カジカの卵巣内では，卵門を通過した精子は卵細胞にタッチしたところで止まります。受精とは，精子と卵の膜が溶けて，1つの細胞に融合することですが，この現象の開始にはカルシウムイオンが必要です。交尾型カジカの卵巣内では，その濃度が海水よりも低く，受精が始まらないのです。この受精様式を体内配偶子会合型—体外受精（IGA：internal gametic association – external fertilization）と呼びます（Munehara *et al*., 1989, 1994, 1997）。

　「交尾はするけど，体内受精じゃない」。特殊な繁殖様式に見えます。しかし，これまで調べられた 20 種以上の交尾型海産カジカは，すべて IGA でした。それまでの常識から逸脱した知見が発表されると，他の研究者はそれが本

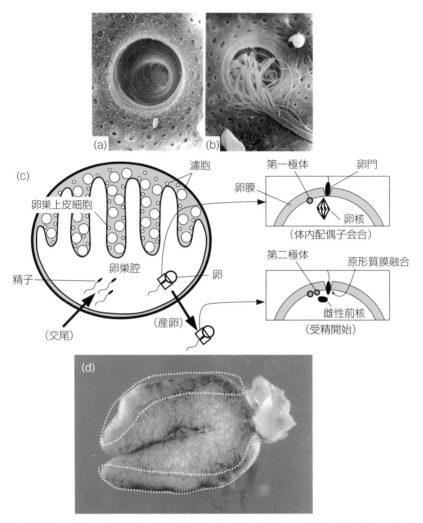

図2.5 交尾型カジカの受精までの精子の挙動。(a) はニジカジカの未交尾雌の卵巣から取り出した卵の卵門の拡大図,(b) は交尾経験雌から取り出した卵の卵門の拡大図。(a) は奥まで見えるが,(b) の卵門には奥へ侵入した多数の精子の尾部(ひも状の束)が見える。(c) は,卵巣と卵門,そのなかの精子の模式図。交尾によって卵巣内へ入った精子は卵巣腔内で滞留し,数日後,排卵したときに排卵した卵の卵門へ侵入し,卵の原形質膜(細胞膜)に接着する。産卵後,海水に触れて膜融合の化学反応が始まり,受精が始まる。受精は体内ではなく,体外で始まるが,受精する精子は産卵前の排卵時に決まる。(d) は産卵と交尾を終えた直後のニジカジカの卵巣で,卵巣内の白い筋(点線で囲った部分)は精液。(Abe & Munehara, 2009より。電子顕微鏡写真はKoya *et al*.,1993)

当なのか，別な魚種でも確かめたくなるものです。その結果，カジカ類以外に
も，クダヤガラ，ナマズやカラシンの仲間など，分類学的に遠縁の魚種からも
IGA が見つかっています。これらの魚類は，いずれも卵を海中にばらまく産
卵方法ではなく，どこか決まった場所に卵を産みつける種です。受精して胚発
生が始まると，呼吸のために酸素が必要になります。体内の卵に酸素を供給す
る仕組みを持っていればよいのですが，なければ胚は正常に発生できません
（Hayakawa & Munehara, 2001, 2003）。このリスクを回避するための方法が産
卵前に受精しない IGA なのでしょう。いろんな国の研究者が自分の研究を追
随して，論文を引用すると，認知された感慨が強く湧いてきます。一言で言う
と「やったぁー」という気持ちですね。

　交尾型カジカの受精様式が IGA で共通なのに対して，交尾行動の体勢は魚
種によってさまざまです。最も多いのは，雄が雌の後方から近づき，平行な体
勢で，生殖突起（ペニス）を卵巣腔に挿入し，精子を送り込むパターンです。
生殖突起を挿入するには，雌の体を保定する必要があるため，顎あるいは自在
に横に湾曲させることができる臀鰭を使うなど，交尾のためには驚くほど柔軟
にカジカ類の形態は進化するようです。こうした交尾型カジカのなかでも，ひ
ときわ突飛な方法で交尾を行うのは，生殖突起を持たないケムシカジカでしょ
う。卵巣に精子を直接輸送するツールを雄が持たないため，交尾を受け入れる
側の雌が主導的な役割を担います。求愛を受け入れた雌は雄に対して，産卵に
使う管とゼリー状の物質を卵巣のなかから絞り出します。雄がゼリーに向けて
放精した後，雌がゼリーとそこにトラップされた精子を卵巣に取り込むことで
交尾が完了します（図 2.6）。数あるカジカ類のなかには，生殖突起の先がかぎ
状に尖り（図 8.4 (c) 参照），拒否する雌を追いかけて強引にかぎ先を生殖口に
引っかけて交尾をするという種もいますが，ケムシカジカでは雌に好まれるこ
とが交尾成功の鍵になるようです。

　このように，交尾型カジカ類の交尾行動パターンは複数の独特な方法に進化
しています。また，交尾種と非交尾種の系統上の出現位置を調べると，形態で
も分子でも，それぞれが 1 つにまとまりません（宗原, 2011）。ということは，
交尾行動は複数の系統で多系統進化した行動形質であることを意味します（第
3 章参照）。魚種の数ではカジカ上科より多いグループもありますが，繁殖様式

交尾行動（4.9MB）

摂餌行動（10.4MB）

図2.6 ケムシカジカの交尾の連続写真。上の大きい個体が雌で，下の雄が放精する瞬間。(a) 雄が腹鰭（矢印）で雌の生殖突起（点線で囲った部分）の位置を確認する。見えにくいが生殖突起の先端からゼリー状の卵巣液が出ている。(b) 雄の腹鰭が雌の生殖突起に触れた直後に放精した。(c) 精液がゼリー状の生殖液に付着。(d) 雌は精液が付着した生殖突起とゼリーを卵巣内に引っ込める。精液の大半は海中を漂うが，一部は卵巣内に取り込まれ交尾が完了する。この交尾行動の動画はhttp://www.kaibundo.jp/hokusui/kemusi1.mp4で，また喉の奥にある2つ目の顎を使って魚を飲み込む本種の摂餌行動をhttp://www.kaibundo.jp/hokusui/kemusi2.mp4で見ることができる。

が多様で複雑に進化したという点では，カジカ類はナンバーワンです。この多様性が，研究材料として最大の魅力です。

波打ち際はケムシカジカの卵でいっぱい

さて，ゼリーを通して精子を受けとったケムシカジカの雌は，やがて成熟した卵を産みます。魚の卵は栄養満点です。なので，孵化まで捕食者から隠さなければ，子孫を残すことができません。そこが，海外調査での注目点でした。

日本産のケムシカジカの卵は，多毛類のカンザシゴカイの一種 *Salmacina* sp. の群体内部から見つかりました（Munehara, 1992）。ケムシカジカの卵は，サケの未成熟卵でつくったイクラとほぼ同じくらいの大きさです。魚卵の天敵は魚とヒトですが，ゴカイ群体の入り口が狭いため彼らはなかに入って来られません（図2.7）。また，群体のなかは空洞なので，海水の通りが良く，卵が発生する際に必要な酸素も供給され，ケムシカジカにとって卵を産みつけるため

図2.7　日本産ケムシカジカの産卵基質の１つカンザシゴカイ群体。左は発見直後に撮影した写真で，赤っぽく見えるのは，無数のゴカイが棲管から体を露出しているため。この群体を割ると，なかに産みつけられていたケムシカジカの卵（点線で囲った部分）が見える。

の都合の良い産卵基質となります。しかし，カンザシゴカイの群体は，あちらこちらに見つかるほど，ふつうに生息している生物ではありません。ペリス島には，すごい数のケムシカジカが産卵にやって来るようです。そこで，ケムシカジカの数と平均体長，ゴカイに代わる産卵基質が何なのか，これらを調べ，あわよくば産卵行動を撮影しようと計画しました。

　個体数を調べるために，ダイビングでできるだけ多くの個体を連れてきて，体長測定後，標識をつけて同じ場所に放流しました。数日後に調査地で見られる個体のうち，標識魚が何個体いるかを調べて，全体数を推定しました。アバウトな方法ですが，結果は，標識魚 16 個体を二度と見ることはありませんでした。これでわかったことは，数日で魚は入れ替わり，産卵期の 2 か月間にやって来るケムシカジカの雌は，直径 200 m くらいの半円形のこの小さな入り江だけで 1000 個体以上いることです。

　体長については，雌の平均全長は 44.6 cm でした。帰国後，魚市場から買い集めた日本産の雌は平均全長 37.7 cm しかありませんでした。体重については，ペリス島に 2000 g まで測定できる秤を持参していましたが，ほとんどの個体がそのリミットを超えて，正確に測定することができませんでした。これほど大きい個体が大挙して浅瀬に押し寄せるのです。ロシアのケムシカジカは，卵をそこら辺にある石の間に隠すことしかできないようでした（図 2.8）。

　本種の卵は孵化まで 4 か月かかります。魚類ではかなり長い胚期です。トク

図2.8 ペリス島のケムシカジカの産卵生態。上：浅瀬に密集するケムシカジカ（矢印），ほとんどが雌。下：石の下の隙間に産卵する。完全に隠されていないためヒトデなどに捕食されるが，孵化率はそれほど低くない。

ビレ科には，1年近く卵で過ごす種が他にいます（Munehara, 1997）が，これだけ長い胚期の魚種は，外からは見つかりにくく新鮮な海水が流れ込みやすい産卵基質を必要とします。そのため，カイメンなどに卵寄託する習性を持つイソバテング（*Blepsias cirrhosus*）やヤギウオ（*Pallasina barbata*）という魚種もトクビレ（ケムシカジカ）科にはいます（Munehara, 1991; 百田・宗原, 2017a）。マルケビッチさんがペリス島のケムシカジカの卵塊657個を追跡調査し，そのうち65％が孵化し，残りがヒトデ類に捕食されるのを観察しました（Markevich, 2000）。うまく隠せていれば，もっと高い生残率になると思いますが，露出した状況で4か月間放置された卵塊の生残率としては高い値と言えます。その理由は，大量出現にあるのだと思います。

　生物には天敵がつきものですが，全滅を避ける戦略として，短期間に大量に

出現するという生存戦略があります。たとえば，夏の蒸し暑い夜にカゲロウや羽アリの大群が飛翔しているのを見ることがあります。一斉に成虫になって大挙して出現すると，天敵の餌食にならずに済む個体が少なからず出るでしょう。そのような個体が子孫を残すという戦略です。これが「飽食戦略」です。捕食者が予測困難なほど，この戦略は効果的です。素数ゼミと呼ばれる，素数年間を幼虫として地中で過ごし，成虫時代がわずか数週間という昆虫のセミがいます。13 年あるいは 17 年に一度しかセミは地上に現れませんが，一挙に現れるセミの数と鳴き声で，その年は街中がたいへんな騒動になるそうです（吉村, 2005）。予測が難しいタイミングで大勢が現れる戦略の究極でしょう。ペリス島のケムシカジカの卵も，大量に出現することで飽食戦略が功を奏して，そこそこの高い生残率で子孫を残せているのではないかと思います。

ホッケのなわばり争いで知った集団的自衛力

　翌 1999 年の 2 回目の調査には，テレビ番組の撮影隊が同行しました。ペリス島までの渡航には，バブルがはじけた日本の企業から買い叩いたという豪華な内装の大型クルーザーが用意されました。乗船時間は，前回の 3 分の 1。ロシア経済の急転を実感しながらの快適な旅でした。しかし，島に到着して 1 回目のダイビングで鼓膜を破ってしまい，それ以後，滞在中は潜れず，悔しい旅になりました。そのため，ホッケの産卵行動の観察と標本採集はマルケビッチさんと撮影隊にお願いして，日本に持ち帰った標本の DNA 鑑定だけを私が担当しました。

　ホッケは，庶民の味覚として北海道民のみならず，いまや全国にもその名が知れわたる大衆魚です。しかし，明治時代は，ニシンの卵を食べる「害魚」のレッテルが貼られていました。食糧難の戦後に，さまざまな漁獲方法と漁場が開発され，漁獲量が急増しました。2000 年頃までは年間 20 万トン以上の漁獲がありましたが，資源そのものが枯渇してきた 2015 年以降は 10 分の 1 になりました。その結果，価格が 5 倍以上に跳ね上がり，いまや高級魚。害魚から高級魚への大出世ですが，ホッケにとってはめでたい話ではありません。

　ホッケは，雄がなわばりを構え，雌を誘って産卵させ，それを孵化まで保護す

る繁殖習性を持ちます。雌は数日間隔で10回くらい産卵します。雄がなわばりを構えるのは，産卵する場所を確保し，卵に精子をかけるときに他の雄が近づかないようにするためです。配偶相手を獲得し，その雌が産んだ卵を孵化させるまでの雄は，闘争の連続を勝ち抜かなければなりません。自分の子を残すための生存競争です。魚種によっては，自分は保護をしないで，他のなわばり雄に寄生する行動も知られています。ペアが産卵するときに，その脇でこっそり放精する"盗み放精（スニーキング）"と呼ばれる行動です。もし，なわばり雄が保護している卵のなかに，別の雄の精子で受精した卵が混ざっていれば，ホッケにもスニーキングがあるということです。保護雄と子の血縁関係を調べることは，生物の繁殖生態を詳しく知る上で重要なことです。それを確かめるための行動観察と遺伝子試料の採集を，私以外の調査メンバーが実行しました。

　ホッケは，アイナメ科の魚です。この海外調査以前にアイナメとスジアイナメが，日中に産卵することを観察していました（Munehara *et al*., 2000; 宗原，2001）。この経験から，ホッケの産卵も日中に観察できると思っていました。しかし，ペアリングして産卵までに要する時間が長く，撮影隊は，日が沈み真っ暗になった海を2時間交替で潜り続けなければなりませんでした。だめかと諦めかけていた夜の10時過ぎ，「産卵行動を撮った！」とビデオカメラを持ち上げ，ガッツポーズでダイバーが戻ってきました。着替えにもたつくダイバーからカメラを奪取し，上映会が始まりました。

　ペアとなって6時間，トワイライトまでにぎやかだった周囲が寝静まりました。繁殖準備が完了したホッケのペアだけが，ビデオライトを気にする素振りも見せず，自分たちの世界にいます。それまで変化がなかった雌の生殖口が突出してきました。この夜に産み出す卵が生殖口の近くに集まってきたのでしょう。産卵場所とする岩の割れ目の堆積物を吸い出し始めました。これを何度も繰り返した後，突出した生殖口を擦り付けながら，卵を一気に放出しました（図2.9）。粘度の高い卵巣液に包まれ，つきたての餅のような柔らかい塊となって，岩の割れ目の上に卵塊が産み出されました。なわばり雄が雌の後ろからすっと近づくと，海水に淡く霞がかかりました。放精です。他の雄はやってきません。なわばり雄だけが放精しました。放精が終わると，雌がきびすを返すように卵塊に頬を近づけ，つきたての餅をグッと岩の割れ目の奥に押し込み

ました。孵化するまでの1か月の間に，産卵基質から剥がれるとその卵は，捕食者に食べられてしまいます。この行動は，卵がなわばり雄に守られ続けるために必要な行動です。雌は数分間，頬や胸鰭を使い，卵塊を岩の割れ目の奥深くまで何度も押し込み，しっかりと固めてから，卵塊のそばを離れました。雌はモニター画面の外へ泳ぎ去った後は，もう二度とカメラの視界に入ってくることはありませんでした（Munehara & Markevich, 2003）。

図2.9　ホッケの産卵。産卵の瞬間，雌は大きく口を開ける。このあと，上方の雄はすぐに卵に精子をかけた。(撮影：日本水中映像（株）中村宏治さん)

　ホッケの産卵行動は2回撮影されましたが，ともになわばり雄だけの放精で，スニーキングはありませんでした。以前に観察したアイナメの産卵では，26回中11回，スジアイナメでは12回のうち3回でスニーキングが観察されていました。ホッケはアイナメやスジアイナメと違う，と言うには，2回の観察では確信が持てません。統計解析で有意差を出すには，統計的大数と呼ばれる30個のサンプルが必要です。しかし，夜のダイビングは，これ以上無理でした。観察例の不足を補強するのが，なわばり雄と卵とのDNA鑑定です。隣り合う6個体のなわばり雄から12個の卵塊を採集してもらい，日本に帰国してから，各卵塊について，30個の卵のなかの胚となわばり雄との遺伝的な親子関係を調べました。

　その結果，12卵塊すべて，なわばり雄の精子だけで受精していることが確かめられました（宗原, 2003）。ホッケの産卵に，スニーキングが付随することは，ほとんどないと言えそうです。でも，直接観察した2例を足しても14例。統計的大数に届いておらず，さらなる確証が欲しいところです。そこで，別な観点から検証することを考え，精液中の精子の濃度に目をつけました。

　精液は，精子と液状成分の精漿から成っています。精漿は，精子が海中に拡

散することを助けます。しかし，精漿割合が高くなると，精子の量が少なくなります。スニーキングを伴う乱婚型の配偶システムを持つ生物では，他の雄の精子に負けないように，より多くの精子を放出する傾向があります（Stockley *et al.*, 1997）。受精をめぐる精子の競争，つまり"精子競争"（第3章にも登場します）に勝つには，数が重要ということです。そこでホッケとアイナメの精液中の精子の割合を調べて，精子競争に対する備えの強度を比較しました。結果は，アイナメの精液は精子が93.8％を占める濃い精液であるのに対し，ホッケはわずか17.5％でした。ホッケの薄い精液は，精子競争に備えるよりも，精子を卵塊全体に拡散させることに適した性状であることがわかりました。ホッケは，狭い範囲で多くのライバルと絶えず小競り合いしています。なのに，スニーキングはほとんど起きないようです。不思議に思いましたが，なわばり雄は互いにライバルであっても，スニーキングする個体を繁殖場所から追い払いたい点では，思惑が一致します。これだけ高密度になわばり雄が警戒しているペリス島の繁殖場では，スニーカー雄の隠れ場所はないのかも知れません。

ペリス島のケムシカジカとホッケの繁殖生態については，2000年にNHKの『生きもの地球紀行』という番組で放送していただきました。女優の宮崎美子さんと掛け合いのナレーションをスタジオで録音できたことも楽しい思い出です。

近くて遠かった日本海の対岸

2007年，3度目のピョートル大帝湾調査。その頃から，私の研究室では，環北太平洋要素種群の繁殖生態を調べるだけでなく，系統と地理的つながりを調べる分子系統解析用の魚類標本採集が海外調査の目的になっていました。多くの種を収集するため，以前に行ったペリス島のほかに，その対岸の保護区とピョートル大帝湾内の西側湾口部に近いポポフ島に10月末から11月初旬の2週間，採集旅行に向かいました（図2.10）。

ウラジオストクと同緯度の函館は，11月では，まだ遠くから冬の足音がかすかに聞こえる程度です。しかし，ポポフ島のアマモが群生する穏やかな内湾は，氷が張るほど空気も海も冷え込んでいました（図2.11）。過去2回の調査

図2.10　海洋保護区での採集調査。(a) 甲板に並ぶ荷物は日本から持ってきた潜水機材と調査用具。(b) 移動に使った船のクルーと記念撮影（右奥が第 7 章，第 8 章で登場する阿部拓三隊員，右手前が山中智仁隊員）。(c) プーチン首相の休養のために建てられた海洋保護区スレドニー入江にある VIP 専用別荘（右側）。裏山には，アムールヒョウが生息している。(d) その別荘の居間で寛ぐ日本隊とマルケビッチさん（左端）。

は 9 月下旬までで，水温も同時期の函館と同じ 20〜17 ℃。青い空が高く，秋が深まる前でした。それから 1 月半後のウラジオストクの空は低く，灰色になり，厚い雲に覆われていました。季節の展開は想像以上に速く，ピョートル大帝湾の景色は，すでに冬でした。

　環北太平洋要素種群の系統地理学において，日本海は，閉鎖的な形状と海流が混じりやすいことから，固有種が誕生しやすい重要なホットスポットです。現在の日本海は，北は最大水深が 10 m の間宮海峡，118 m の宗谷海峡，449 m の津軽海峡，南は日本と朝鮮半島を結ぶ 227 m の朝鮮海峡で仕切られています。海水の流れは，朝鮮海峡から流入する対馬暖流の大部分が津軽海峡から北太平洋へ，残りが宗谷海峡からオホーツク海へ抜けます。それに対して，北からは間宮海峡からアムール川起源の河川水を含むリマン寒流がわずかに流入するだけなので，現在の日本海は暖流の影響が強い海です。

図2.11 ポポフ島の調査地と海底景観。(a) 遠浅の穏やかな湾で，古くから調査地になり，ここで発見された新種も多い（後述の*Alcichthys elongatus*など）。(b) 浅瀬に広がる二枚貝の群生（シェルベッド）。(c) シェルベッドの端でよく見た，日本では珍しいオホーツクツノカジカ（*Microcottus sellaris*）。(d) アマモ場で繁殖するエゾアイナメ（*Hexagrammos stelleri*）。影になって見えにくいが，アマモの根元（点線で囲った部分）に卵塊が産みつけられている。(撮影：佐藤長明)

　しかし，最終氷期後の1万4000～1万年前頃の海底地層には，北太平洋や北極海に生息するような寒冷性のプランクトンの化石記録があり，津軽海峡から寒流の流入が盛んだった時代もあったようです（小泉，2006）。また，地殻変動により北太平洋の西部に日本海ができはじめた，つまり日本列島の形成が始まる2500万年前から1500万年前頃に，地球規模の温暖化と寒冷化が繰り返されました（能田，2008）。それに加えて，地殻の隆起と沈降により，海水準の変動が数百万年間隔で何度もあり，その都度，優勢な海流の入れ替わり，あるいは河川水の大規模な流入が起きたようです（池谷・北里，2004; 小泉，2006; 山崎・久保，2017）。当然，そうした日本海の環境変動に対応して，温帯性の魚類と寒冷性の魚類の入れ替わりや，淡水化による磯魚の絶滅も起きたでしょう。また，日本海は浅い海峡に囲まれているため，海水準が低下したときには閉鎖

的な環境となり，固有種や固有亜種に種分化する進化の実験場となったはずです（西村，1974, 1981）。しかし，こうした地質調査から推定される磯魚の歴史は，実際の魚類標本から得た遺伝子分析で検証する必要があります。

　暖流の影響が強い現在の日本海は，大陸側と北海道側が遠く隔たっており，寒流系磯魚の交流は，北部の間宮海峡付近を除き，ほとんどないでしょう。しかし，先に述べたようにわずか1万年前には寒流が優勢だった時代がありました。それゆえ，今回の調査では北海道と共通する種だけでなく，沿海州にしか生息しない種に遭遇することも期待できます。冬の調査だけで全貌を把握することは無理でも，なにがしかの成果は得られるはずです。期待を胸に秘め，凍てつく冬のピョートル大帝湾を潜りました。

　最終的にカジカ類18種を含む31種，329個体の磯魚を採集しました。これらのうち30種が北海道にも生息する種でした（後見返しの付表参照）。しかし，エゾアイナメ，オホーツクツノカジカ，イトヒキカジカなど，臼尻では希にしか現れず，日本では道東で時々見られるという種が多数採集されました。概して，ピョートル大帝湾は北海道と同じような魚類相と言えますが，寒流の影響が強く働いているようです。魚類相調査のなかで最大の成果は，それまで沿海州で知られていなかった種と，日本に分布しない種を，それぞれ1種ずつ

図2.12　今回の調査で採集した*Alcichthys elongatus*（上）。右は臼尻で普通に見られるニジカジカ（*A. alcicornis*）。

採集できたことです。前者はヒメフタスジカジカ（*Icelinus pietschi*）で，これがロシアでの初記録ということになるでしょう。一方，日本に分布しない種というのはニジカジカ属の *Alcichthys elongatus* です。今回，7 個体採集しました。この標本は，ニジカジカ属の分類学的な問題をあぶり出しました（図2.12）。

北海道には別種とされているニジカジカ（*A. alcicornis*）が分布しています。2000 年に出版された『日本産魚類検索 第 2 版』で，このカジカの表記が一時期 *A. elongatus* と変更されました。沿海州産の標本と日本産の標本を十分に比較検討する前に，ニジカジカが *A. elongatus* のシノニム（異種同名）と判断されたのです。しかし，今回採集した 7 個体の標本は，1881 年に *A. elongatus* を記載したドイツ人魚類学者スタインダハナーのスケッチそのもので，見慣れたニジカジカより体が細く，斑紋も異なっていました。採集地のポポフ島が，*A. elongatus* のタイプ標本の採集地です。おそらく，*A. elongatus* と *A. alcicornis* のように日本海の両側に分かれて種分化した魚の研究例がなかったことで，誤判断を誘引したのかも知れません。それよりも，もっと早くに，日本人研究者がこの島に，あるいはロシア人研究者が日本のニジカジカを調べられる状況にあれば，このようなお手つきはなかったと思います。検証が必要ですが，この2 種の起源と歴史は，「日本が未だ大陸近くにあって日本海が狭い時代に，共通祖先種が生息し，その後，日本海が大きく広がるにつれ，大陸側では *A. elongatus* に，日本側ではニジカジカに，それぞれ種分化した」のだと思います。

ロシアと日本の研究者間の交流は，約 50 年間，政治的に断絶させられていました。空路 2 時間で日本海の対岸に到着できましたが，遥か遠い時空を超えた旅をしたようです（図 2.13）。

図2.13　調査終了後にロシア滞在中の米国の魚類研究者（M. Busby 博士）を含めた三カ国北太平洋魚類シンポジウムを開催した（写真の発表者はマルケビッチ教授，左のパソコン係は前の講演者イリーナ・エプール女史）。

第3章 北太平洋東海岸の旅
——北海道の磯魚たちの故郷

カジカたちのグレートジャーニーと日本カジカチームの旅

　カジカ類の故郷，北太平洋東海岸への旅です。

　人類は，現在のように地球の至る所に進出する過程で，経路はカジカ類と逆でしたが，極寒のベーリング海を超えて北太平洋へ渡る旅を敢行しました。この人類拡散の旅路を，考古学者ブライアン・M・フェイガン博士はグレートジャーニーと名付けました。本書のタイトル『北海道の磯魚たちのグレートジャーニー』の出処はここです。人類が出現するよりもはるか昔に，この寒冷域を制覇した磯魚たちへの敬意を表したかったからです。

　現存するカジカ類の起源地は，本書のガイドブックである第1章で，最新の分子系統をもとに，北太平洋東岸だったと推定しました。この仮説は，生物地理学者の西村三郎博士やブリッグス博士も指摘していたことです（西村, 1974; Briggs, 2000, 2003）。カジカ類は北太平洋がいまよりも温暖だった時代に発祥し，そこで最初の適応放散を遂げ，そのなかから寒冷適応あるいは深海適応を備えた種が生まれたと考えられています。海がつながっている時代には，ベーリング海から北極海や大西洋へと，あるいはオホーツク海や日本海など北太平洋西岸に進出し，それぞれの海域で固有の属・種が生まれ，その間に淡水に進出したグループも現れたというのが，北太平洋におけるカジカ類の大まかな形成史になります。トクビレ（ケムシカジカ）科，コオリカジカ属やギスカジカ属など，現存する系統の化石がサハリンの中期中新世と北米の中新世–鮮新世の地層から見つかっています（図3.1, Nazarkin, 1999）。その時代（2300万年〜530万年前）には日本に到達し，北海道周辺にもたくさんのカジカ類が生息し，繁栄の時代に入っていたでしょう。

図3.1 サハリンの中新世の地層から出土したケムシカジカの化石
（Nazarkin：Journal of ichthyology，1999より）

　一方，カジカたちのグレートジャーニーをたどる日本カジカチームの調査旅行は，ジェット機でひと飛びです。アリューシャン列島を通り極寒のアラスカへ抜ける難所を，防寒対策の衣類や武器を携帯しながらの旅だった氷河期の人類と比べても，あっという間の時間旅行です。それでも多少の苦労もありました。

　私たちの旅は旅行会社によるツアーではないので，採集地の選定から，標本保存用のアルコールなど日本から運べない薬品の現地ネットショップでの通販購入，採集許可，レンタカー，宿の予約までをウェブを通して行うカスタムメードのツアーです。そのなかでもダイビング機材の運搬と調査船のチャーター予約など，ダイビングの準備は出発前の先決事項です。

　北米西海岸のどの大学も，キャプテンとデッキハンド（サポート船員）付きのボートを持ち，ダイビング用のタンクと圧縮空気を充填するコンプレッサーも備えています。しかし，それらを利用するには，大学で開催する潜水講習の受講と試験に合格することが条件で，45歳以上には心肺機能の健康診断も義務づけられます。しかも，それらをクリアしても，大学の施設は週休2日（土日）です。なんとかメモリアルホリデーなど，国民の休日もけっこうあります。そのうえ，大学の船は海洋観測やホエールウオッチには対応しても，カジカ採集に関する情報は持ち合わせず，まったく頼りにならないことは，出発準備中のメールのやりとりでわかりました。それならばと検討したのが，民間のダイビングサービス会社です。ボートを調査でチャーターするには，行政から

の採集許可証を取得する必要がありましたが，出国前にインターネットで申請してクレジットカード決済すれば日本からでも取得できました。調査経費はコスト高になりましたが，背に腹はかえられません。とはいえ，予算に限度があり，その分をどこかで倹約する必要がありました。さらに，トラベルにはトラブルがつきものでも，現在の旅では安全対策が最優先事項です。

　外食中心で計画した 2006 年の日本カジカ調査チームの最初の調査では，大酒飲みが多かったからですが数日で飲食費予算を使い果たしそうになりました。その折にメンバーのひとり，古屋康則さん（岐阜大学教授）がシェフを買って出ました。そうなると宿泊先もホテルではなく，安いアパートや一軒家のレンタルです。キッチンで自炊し，昼食も弁当持参，しかも調査の合間に調達できる収穫物も食材になります。食費がぐーんと削減できました。自宅でも家族の夕食を普段からつくっているそうですから，プロ同然。スーツケースにmy 包丁を忍ばせる，ちょっとあぶない自炊作戦は，窮地に立ってからの一手でしたが，量のまんぷく度と味のまんぞく度からも大正解でした。安全対策については，海中眼に優れ，撮影と魚の発見力を見込んで同行してもらった水中カメラマンの佐藤長明さん（グラントスカルピン社）の参加が大きな力になりました。調査チームの標本採集力と危機管理センサーが高いレベルで安定し，調査旅行のミッション（使命）である"成果という果実"を手にするために，こちらも大正解でした。

　これで出発前の準備は，採集許可とダイビングサポートの予約を除くと，アパートとレンタカーの予約と試薬の調達だけです。これらを押さえてさえいれば飛行機のチケットを忘れても（実際に持たずに乗れた隊員もいたので），あとはなんとかなります。予期せぬハプニングと遭遇するのも旅のアヤと思うと，計画段階からワクワクします。現地では，同行する大学院生などメンバーらと反省会と称する夜の飲み会で研究について熱く語り合うのも楽しみです。

　結局，現在を旅する私たちの調査旅行は，先々で必要なものはあらかじめ手配しておき，現場ではレンタカー 1 台の小隊ながらもシェフとカメラマンがそろう大航海時代の探検隊さながらの編成。同じ未開の海を進む旅行であっても，磯魚や先人たちの過酷なグレートジャーニーとは比較にならない，快適で楽しい旅になるのは当たり前ですね（図 3.2）。

40

図3.2　日本調査隊のロジスティクスと食生活。(a)レンタルトラック(ウナラスカ島調査)。(b)ダイビングボート(ピューゲット海峡調査)。(c)集合住宅(4階の一室をレンタル,カムチャツカ調査)。(d)古屋司厨長が持参のmy包丁で産地直販店で購入したギンザケを調理(バンクーバー島)。(e)バンクーバー島でのある日の夕食,キャプテンからもらったダンジェネスクラブがメインディッシュ。一人2はい。(f)バンクーバー島の現地協力者を招いたフェアウェルパーティー,たまにはイタリアン(左から佐藤長明カメラマン,私,フィリップさん＝Living Elements社長,安房田智司隊員＝第7章と第8章に登場,大友洋平隊員＝第5章に登場)。

会いたかったライバル, スケーリーヘッド

　カジカ研究が目指す山頂の1つは,繁殖様式の進化の道筋と適応の仕組みを解明することです。繁殖様式がわかっていない種については,卵や成熟した精

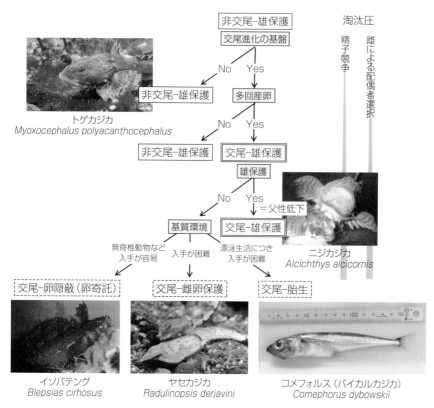

図3.3 カジカ類の繁殖様式の進化モデル。非交尾−雄保護が祖先型で, 交尾に適応できる生殖生理学的な基盤を持っていた。交尾は多回産卵種でのみ進化する。交尾−雄保護の集団では, 雄と保護する卵の父性が不確かになるため, 雄は卵の保護をやめる。雌が保護雄に代わる卵の保護方法を獲得できたとき, 次の段階の繁殖様式に進化する。交尾−卵隠蔽（卵寄託）, 交尾−雌見張り保護, 胎生のいずれになるかは, 基質環境で決まる。カジカ類の繁殖様式の進化過程には, 雄間の精子競争と雌による配偶者選択が強く関わっている。（『カジカ類の多様性』（東海大学出版会, 2011）の図を基に作成）

子を得られただけでも, 調査は熟した果実を 1 つ収穫できたことになります。

　海産カジカ類の繁殖様式は, 非交尾−雄保護型, 交尾−雄保護型, 交尾−卵隠蔽（他の生物体内に産卵する場合は卵寄託）型, 交尾−雌見張り保護型の 4 つが知られています（図 3.3）。この他に, バイカル湖の深水部には, 交尾をして体内受精で発生した仔魚を産む胎生カジカもいます。1 つの分類群のなかで, これほどまでに多様な魚類は他にいません。

　5 つの繁殖様式の進化の筋道として，祖先的な繁殖様式は，石の下などに繁殖なわばりを確保した雄が雌を誘引して産ませた卵に精子をかける，非交尾–雄保護型です。そこから，交尾をする交尾–雄保護型が進化したと考えられます。この型式は，先に紹介したニジカジカの繁殖様式です。ニジカジカの雄は岩穴になわばりを持ち，岩の表面に産みつけられた 100 個前後の卵塊を，繁殖期が終了するまで保護します（古屋ら，1994; 宗原，1999）。交尾–雄卵保護では，産卵とそれに続く交尾が一連で行われます。雌の最初の産卵では，交尾をしようとする雄の生殖突起から漏れ出た精子によって，産み出された卵は海中で受精します。この産卵は，非交尾型です。雌は数日間隔で排卵し，2 回目の産卵のときには，最初の産卵時に交尾によって卵巣内に入った精子が，産卵前に，卵細胞への通り道である卵門のなかに入ります。第 2 章のケムシカジカのところで紹介した IGA（体内配偶子会合）です。最初は非交尾型，2 回目から交尾型の繁殖様式を行うので，交尾行動が派生的な繁殖様式と認定されます。

　この非交尾から交尾へ進化する過渡期にあるような繁殖様式を観察したのは，大学院生のときでした。血縁のない卵を保護する理由を説明できず，何かの間違いかと思いました。魚類の繁殖について勉強し，ニジカジカの繁殖行動をこのときは水槽内でしたが何度も観察し，同じ結果になることを確かめ，論文の執筆に入りました。

ニジカジカの産卵と交尾行動の動画

水槽内
http://www.kaibundo.jp/
hokusui/niji1.mp4
（12.4MB）

野外観察
http://www.kaibundo.jp/
hokusui/niji2.mp4
（10.9MB）

　科学論文の原稿は，専門分野の雑誌に投稿した後，専門の査読者（レフェリー）によって内容が審査されます。3 か月くらい経って，審査結果が送られてきました。査読者のコメントを読むと，そのなかには，交尾をして雄が卵保護する北米産カジカのスケーリーヘッド（*Artedius harringtoni*）に関する論文（Ragland & Fischer, 1987）が出たことが記されていました。期せずして，アメ

リカと日本で同じような研究成果が出たのです。驚きの展開をはらみながら掲載された"Spawning and subsequent copulating behavior of the Elkhorn sculpin *Alcichthys alcicornis* in an aquarium"は，私にとって最初の査読付き英語論文となりました（Munehara, 1988）。そんな経緯もあり，最初の北米調査では，スケーリーヘッドがお目にかかりたいカジカの筆頭でした。

進化のメインエンジンは精子競争

　2006 年 3 月，ワシントン州シアトルに降り立った第一次日本カジカ調査チームは，カウンターパートのワシントン大学ピエッチ教授と北海道よりもひと月以上も早いチェリーブロッサムに迎えられました。シアトルは北緯 47 度にあります。北太平洋の西岸なら，この緯度はサハリンです。黒潮が三陸沖から東北東に向きを変え，太平洋を横断して北米大陸にぶつかる先が，カナダと国境を接するシアトル沖です。気候に与える海流の影響が絶大なことがわかりますね。

　第 2 章で紹介したように，カジカ類の交尾行動パターンは多様です。その理由は，交尾が複数の系統で進化したからでした。生物の進化は「自分の子孫をたくさん確実に残せる方向に進む」というのが基本のパターンです。この考えかたに沿うと，交尾をして卵巣のなかに精子を送り込むと，雌が産卵を続ける間，その雄は子孫を残せるチャンスを保持できます。雌が繁殖期中に何度も産卵する多回産卵の種では，交尾の有利性は大きくなります。交尾経験が少ない雌に，たくさんの精子を送り込むほど，子孫を残せるチャンスが高まります（Munehara & Murahana, 2010）。交尾型カジカ類はすべて多回産卵ですし，この考えかたで交尾の進化を説明できそうです（宗原, 1999, 2011; Abe & Munehara, 2009）。

　交尾が進化した後は，雌の卵巣のなかは複数の雄の精子が混在する状況になり，受精機会を巡る精子間の競争が起きます。第 2 章のスニーキングで注目した「精子競争」のことです。このミクロの競争は，チャールズ・ダーウィンも見過ごし，1970 年に初めてゲオフ・パーカーが提唱した重要な淘汰圧です（Parker, 1970）。有性生殖するあらゆる生物が直面する厳しい競争であり，生殖に関わるすべての形質に襲いかかる強力な淘汰圧です（宗原, 2006）。たと

えば，チンパンジーなど乱婚的な配偶システムの動物ほど精巣が大きくなることや，交尾後に雌をガードする甲殻類の行動も，精子競争によって進化したと考えられています。また，ひとつの卵塊に複数の雄が放精するヨコスジカジカでは，受精能を持つ正型精子の他に，受精能を持たない異型精子が生産されます。一見すると無駄に見える精子生産も，他の雄の正型精子を攻撃する兵士としての役割が与えられています（Hayakawa *et al*., 2002a, b）。このように，精子競争は雄の行動や生殖形質を進化させます。

　精子が卵と出会う環境が海水から卵巣液中となる交尾型カジカ類では，精子運動の条件に大きな淘汰圧がかかります。海水と卵巣液では，浸透圧や粘度などの物理的性質のほか，イオン濃度など化学的にも異なる環境になります。実際に非交尾種と交尾種で精子の運動に適した条件を調べると，交尾種の精子は海水より卵巣液に近い物理・化学的性状の環境で運動時間が長いことを，日本産のカジカ類で調査チームは明らかにしていました（Koya *et al*., 1993; Munehara *et al*., 1994）。精子競争が生み出す淘汰圧は，カジカ類の生殖形質を進化させるのです。黒潮の終着点，シアトル沖のピューゲット海峡とバンクーバー島への渡航の最大の目的は，精巣や精子形態と精子の運動機能を調べる材料（日本にいない北米産カジカ類）を入手すること，そして精子競争によって進化した生殖形質と繁殖様式の関連を確認し，交尾多系統進化仮説を検証することです。

　2006 年と 2015 年の 2 回の調査で，約 30 種 500 個体のカジカ類を採集しました（同定難標本を含むために概数です）。そのなかで最も多かったのが潮だまりで群れる数種のカジカ類のなかのタイドプールスカルピン（*Oligocottus maculosus*）でした。この魚は，北米の岩礁域を長靴で歩くと，必ず見つかるカジカでした。潮だまりや波打ち際の石の下で，数十個体がひとかたまりになって見つかることもありました（図 3.4）。北米の入江は，干満の差が数 m にも及ぶ場所が多く，潮だまりが広いことと，日本ではこうした場所に強いライバルとなるハゼ類がいないため，タイドプールスカルピン群集が発達したのでしょう。

　次に多かったのが，なんと最も会いたかったスケーリーヘッドでした。調査では，安全を期して水深 15 m くらいまでしか潜りませんが，どこへ行っても体長 5〜10 cm のこの種が見つかり，すぐに予定していた標本数に達しました。

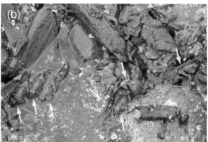

図3.4　タイドプールスカルピン（*Oligocottus maculosus*）調査。(a) 引き潮時の波打ち際の岩を起こすと（左：古屋康則司厨長, 右：第8章に登場する鶴岡理隊員）, 多いときには10個体近く（(b) の矢印）が集まっている。潮だまりを好むカジカ類は数種いるが, 本種が最も個体数が多かった。いずれの種も海水のなかよりも水際にいることを好む。(c) タイドプールスカルピンの産卵場所であるフジツボ群落の凹み, 矢印の先の緑色が卵塊。

図3.5　スケーリーヘッド（*Artedius harringtoni*）。(a) フジツボの空き殻で卵塊を保護する雄。大きな雄はいくつもの空き殻の内壁にびっしりと産みつけられた数十個の卵塊 (b) を保護していた。(c) スケーリーヘッドの雌, 体重は成熟雄の5分の1程度しかない。1個体が保護する卵塊数の多さや雄と雌の体サイズの違いなど, 繁殖行動や繁殖生態の多くの点でニジカジカと類似する。((a)(c)撮影：佐藤長明)

第一次調査で，巨大フジツボに産みつけられていた数十個の卵塊と，それを守っている雄の採集にも成功しました（図3.5）。また，同属のスムースヘッドスカルピン（*A. lateralis*）の成熟個体も採集できました。これも何としても入手したかった標本でした。なぜなら，スケーリーヘッドは非交尾型も兼ねる過渡期の交尾種，一方のスムースヘッドスカルピンはその前の進化段階にある非交尾–雄保護型だからです（Petersen *et al.*, 2005）。その他に日本産オニカジカ（*Enophyrs diceraus*）は雄が大きな生殖突起を持ち交尾型であるのに対し，生殖突起のない北米産のバッファロースカルピン（*E. bison*）（図3.6）や，系統的には最も根元にいる *Jordania zonope*（図1.4(a) 参照）を含む約10種もの成熟個体を集めることができました。こうして集めた標本を薬品で固定した状態で日本に持ち帰りました。

図3.6　本調査で採集されたカジカ類数種。(a) 卵保護中（点線で囲った部分が卵塊）のオニカジカ属バッファロースカルピン（*Enophyrs bison*），(b) ロージーリップスカルピン（*Ascelichthys rhodorus*），(c) ピグミーポーチャー（*Odontopyxis trispinosa*），(d) スパイニーノーズスカルピン（*Asemichthys taylori*）。スパイニーノーズスカルピンは体の大きなバッファロースカルピンの卵塊に小さな卵塊を産み落とす托卵のような産卵生態が知られている（Kent *et al.*, 2011）。*Enophyrs* 属以外の3属は北太平洋東岸の固有属で，日本には分布しない。（撮影：佐藤長明）

　その後，日本やロシアで採集した標本を含めて約 30 種のカジカ科魚類につ
いて，古屋さんが薄層組織切片を作製するなどして生殖器官と精子を組織学的
に調べました。その結果，非交尾種と交尾種で，さらに交尾種でも過渡期の交
尾種と交尾専門種など，繁殖様式の違いと生殖腺の構造や精子形状の相関性を
突きとめました。これは，カジカ類の生態研究の上で，非常に大きな判断基準
が得られたことになります（図 3.7）。行動観察や繁殖生態で繁殖様式を明ら
かにすることは，調査と繁殖期がフィットし，繁殖場所がわかっていないと実
現できません。かなりの強運と労力と観察時間が必要です。そこまで条件がそ
ろっていなければわからないことが，成熟した個体の生殖腺や精子の構造から
推定できるのです。交尾する種であれば，繁殖期の前あるいは繁殖期後の数週

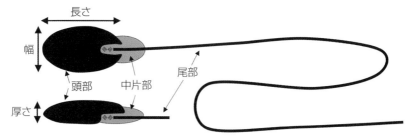

1＜長さ/幅＜2 …… 丸型 (oval type)
2＜長さ/幅＜3 …… 中間型 (intermediate type)
3＜長さ/幅 ……… 細長型 (slender type)

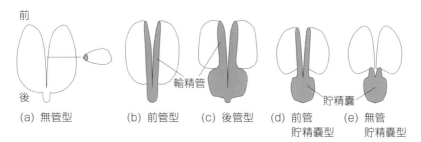

図3.7　カジカ類の精巣と精子形態と生殖様式の相関。上：カジカ科魚類の精子形
態の分類基準。精子頭部の形状で分類すると，交尾種は細長型，ニジカジカのような
過渡期の交尾種は中間型，非交尾種は丸型にそれぞれ対応した。下：カジカ科魚類
の精巣構造の分類。交尾型の精巣構造は貯精嚢がある (d) または (e)，非交尾種は貯
精嚢を持たない (a) または (b)，過渡期の交尾種はその中間の (b) または (c) である。
（『カジカ類の多様性』（東海大学出版会，2011）より）

間は，精子が精巣に残っています。こうした研究材料の入手で済むのですから，調査は格段に容易になるので画期的な発見と言えます。この基準に従って，繁殖様式が不明であったバッファロースカルピンは非交尾種と推定できました。この観察結果は，オニカジカ属でも *Artedius* 属と同様に，一つの属内で非交尾型から交尾型への進化が起きたことを示す証拠になります。カジカ類の繁殖様式の多様性を生殖生理学的観点から裏付けたこの研究は "Comparative studies of testicular structure and sperm morphology among copulatory and non-copulatory sculpins (Cottidae: Scorpaeniformes: Teleostei)"（Koya *et al*., 2011）として発表され，「2011 年度日本魚類学会論文賞」受賞という，思ってもみなかった大きな果実の収穫をもたらしました。

カリフォルニアの青い空と小麦色のハンター

　2009 年と 2018 年の 3 月，調査チームは，バンクーバー島の南方 1000 マイルにあるカリフォルニア州モンテレー湾を潜っていました。

　中学生の頃，「カリフォルニアの青い空」というアメリカンポップミュージックが日本で大ヒットしました。見上げると太陽がいつも笑っている，カリフォルニアにはホットでファンキーなイメージしかありません。調査チームの滞在中も天候に恵まれ，北海道の初夏のような陽射しを連日浴び，ドライスーツで身を包むダイバーも，顔だけは小麦色に焼けました。ここでは，動きの速いアイナメ類もターゲットでした。そこで水中で使うレジャー用空気銃を現地ダイビングショップで購入しました。狩猟本能を全開に解放させるアメリカンな旅となりました。

　北太平洋東岸側には，北太平洋で最大の磯魚，アイナメ科のリングコッド（*Ophiodon elongatus*）（図 3.8）とカジカ科から独立し 1 科 1 属 1 種のキャベゾン（図 1.4 参照）が生息しています。どちらも体重が 10 kg を超えるヘビーな魚です。運良く調査早々にそれらの魚種を水中銃が捕らえました。遺伝子試料と生殖腺組織を切り取った後は，むだなく利用します。白く透き通った肉質はうま味の塊で，メンバー一同が夜の反省会で舌鼓を打つこともありました。一方，調査のほうではひざを打つような成果がありました。それは，体長 7 cm

あまりの成熟したスナブノーズスカルピン（*Orthonopias triacis*）を採集できたことです。

　このカジカの生殖口は，臀鰭よりはるか前方の腹鰭近くにあります。北米で

図3.8　最大体長1.5 mになる魚食性のアイナメ科リングコッド（*Ophiodon elongatus*）。(a) 卵塊（点線で囲った部分）を保護中の雄，(b) ルアーで釣られた個体（禁漁対象の若い個体のためリリースした），(c) 鋭い歯列で魚を捕食する。（撮影：佐藤長明(a)，古屋康則(b)(c)）

図3.9　スナブノーズスカルピンとその産卵管。(a) スナブノーズスカルピン（*Orthonopias triacis*）は，北太平洋東岸のバンクーバー島からカリフォルニア州に分布する1属1種のカジカ。(b) 生殖口（産卵管の先端）は，交尾−卵寄託型のカジカのように臀鰭よりも腹鰭に近い前方に位置している（右下は産卵管の側面写真）。(c) の平らな面に卵を産みつけるスケーリーヘッドと比較するとわかりやすい。点線の円は生殖口，矢印は臀鰭基底の始まり位置を示す。

採集してきた他のカジカの生殖口が臀鰭の起点直前にあることと比べると，一目瞭然です（図 3.9）。しかも，腹部を軽く押すと，腹腔に納められていた産卵管が突出し，その先から卵が数十粒押し出されてきました。この突出する産卵管とその位置は，イソバテングやケムシカジカ，さらに第 8 章で紹介するアナハゼ類に近いものがあります。彼らは，交尾をして，雌がカイメンやゴカイ群体に産卵する，交尾–卵寄託型の繁殖様式です。スナブノーズスカルピンも同じ繁殖様式を持つ可能性に気づきました。

　まず，産卵管から搾り出した卵をシャーレに取り，そのなかを海水で満たしました。携帯した顕微鏡で卵が未受精卵であることを確認して，翌日に再び観察しました。すると，卵細胞が 32 個に分かれているではありませんか（図 3.10）。これは，卵が海水に浸けられてから，発生を開始したということです。この接水実験により，スナブノーズスカルピンは交尾型で体内配偶子会合型（IGA）であることがわ

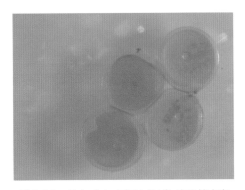

図 3.10　スナブノーズスカルピン卵の接水実験。排卵した卵を海水に触れさせる。翌日観察すると，32 細胞期にまで発生が進んでいた。このことから，本種が交尾種であること，発生は海水に接して始まることがわかる。つまり IGA。

かりました。この結果を受けて，その夜の反省会では，翌日のダイビングは産卵基質の発見を最優先事項とすることが決議されました。

　調査終了日が迫り，翌日の 1 日を残すだけでした。チャンスは午前と夕方の 2 回しかありません。否，2 回もダイビングできます。目星をつけていたホスト生物もいます。それは脊索動物のホヤです。ホヤは，交尾–卵寄託型のアナハゼグループのカジカ類の他，クダヤガラなど，いくつかの魚種で産卵基質として利用されている底生生物です（Akagawa *et al.*, 2004; Awata *et al.*, 2019）。体内に腔所を持ち，海水を取り込む管と吹き出す管を持っています。ホヤの体の構造は，産卵管を狭い穴に挿入して卵を産み込むカジカにとって都合が良いのです。何種類もいるので，卵塊が産みつけられそうな大きさのホヤを手当た

り次第に採集することにしました。

　午前のダイビングでは誰も採集することができませんでしたが，最後の最後に，スガモという海藻が生えている岩盤で，体が半分砂に埋まっているホヤを数個採集しました。実験室を借りているモンテレー湾中央部にあるモスランディング海洋生物学研究所に戻り，採集してきたホヤをハサミで割ると，その

なかの 1 つから前日に見たスナブノーズスカルピンの卵にそっくりな小さな卵塊が見つかりました（図 3.11）。その夜の反省会は，たいへんな盛り上がりでした。その卵を保温性の高い水筒に海水とともに入れて，日本に持ち帰り，孵化させることにも成功しました。

　日本周辺に生息している極東固有種のニジカジカとアナハゼ類は系統的に近縁であることからニジカジカグループと呼ばれ，

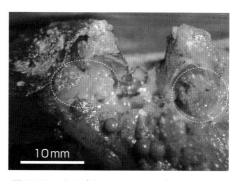

図3.11　ホヤ（*Pyura haustor*）に産みつけられていた卵。卵の色と大きさ，産卵時期と場所，それにスナブノーズスカルピンが交尾種であること，この5つの事項から，この卵をホヤに産みつけた魚種は，スナブノーズスカルピンと推定した。（撮影：古屋康則）

このグループのなかで，交尾─雄卵保護型から交尾─卵寄託型への進化が少なくとも 1 回起きています（宗原，1999）（第 8 章参照）。スナブノーズスカルピンは，スケーリーヘッドの *Artedius* 属など，北米西海岸にのみ生息する浅海性の小型カジカ類で，系統的にはニジカジカグループとは別のグループです（Smith & Busby, 2014）。つまり，北米でも交尾─雄卵保護型から交尾─卵寄託型への進化が，日本周辺と並行して起きたことを示す証拠が，この調査で得られたわけです。

　雄が卵を保護する種で交尾が進化すると，保護雄と卵の血縁関係が不確実になります。交尾と産卵は，ニジカジカでは一連の繁殖行動ですが，雄が精子を雌に渡す交尾と雌が卵を産む産卵は異なる行動で，必ずしも同時に行う必要はありません。精子を卵巣のなかで貯留できれば，2 つの行動が時間差で行われても繁殖は可能です。実際に，交尾─卵寄託型や交尾─雌卵保護型は，卵が未熟

なときに交尾をし，成熟した後に産卵します。

スナブノーズスカルピンの繁殖様式について論文にするだけの材料は得られました。そこでホヤから見つかった卵がスナブノーズスカルピンの卵であることを，DNA バーコーディングでダメ押しすることにしました。「人間はミスをする動物である」と誰が言ったか忘れましたが，人為的な諸要因が重なり，分析中に試料が消失しました。しかし，ターゲットのホヤの種類もわかったので，より多くの人に見てもらえる著名な雑誌に載せるために，再調査する機会を窺っていました。そして，その機会が 9 年後の 2018 年にやってきました。ところが，5 名の隊員で何度かダイビングしたものの，ホヤのなかから卵を見つけることはできませんでした。「一期一会の誠心誠意で，万事真剣にあたるべし」。帰路につく私の顔色は，間違いなくカリフォルニアの空よりも深く青ばんでいたでしょう（図 3.12）。

図3.12 モンテレー湾調査の打ち上げパーティー。左から私，カレン・クローさん（サンフランシスコ市立大学准教授，第 6 章に登場），木村幹子隊員（現在は対馬のNPO法人代表，第 6 章と第 7 章に登場），佐藤成祥隊員（現在は東海大学講師，第 7 章に登場），バーナルディさん（カレンの大学院生時代の指導教員，カリフォルニア大学サンタクルズ校教授），奥様のナニさん，フィルグスキ船長，後頭部は古屋康則さん（岐阜大学教授）。

第4章 アラスカの旅
——磯魚たちのオアシスで憩う

初めての海外旅行はアラスカの海

　1993年夏，アラスカ大学フェアバンクス校のマリンステーションがある，アンカレッジ市から車で3時間くらいのキナイ半島のセワード（Seward）という小さな町で70日間，前年に結婚した明子さんと過ごしました。セワードの初夏は，トワイライトが長く，仕事が終わってからでも海岸探索に出かけられます。フィヨルドにあるので，海岸線が切り立ち，小さい潮だまりが崖沿いにできます。潮の引き時にもたもたしていると，長靴を水没させてしまいます。海水の冷たいこと。すぐに疼痛が足下から上がってきます。セワードの背後にはキナイ半島を形づくった氷河があり，その融水が流れ込む海は夏でも水温が低く，氷河で砕かれたシルトと呼ばれる岩の粉で白濁しています（図4.1）。セワードでは，ついに海中観察は叶いませんでした。そこで，キナイ半島から100マイル南西の，アラスカ湾に浮かぶ氷河がないコディアック島へ1週間遠征し，シュノーケリングしてきました。

　古代人と現代人の全ゲノムを解読し，人類のグレートジャーニーを解明する人類学の最新の研究では，温暖期に入る前のウルム氷期の間に，人類は北米大陸へ渡っていたことがわかってきました（Reich, 2018：日向やよい訳）。氷で閉ざされた北米大陸をどうやって進んだのか大きな謎でしたが，海岸沿いに進むルートを通れば，渡来は可能だったという考えに至ったようです。アリューシャン列島からアラスカ湾を通過して北米大陸に到達する玄関口にコディアック島はあります。この大陸の先住民の先祖が道の駅にしたであろうこの島は，現在，遺跡ではなく，ヒグマなど野生生物の王国として有名です。市街地にある平磯にしか行けませんでしたが，浅い場所でも，大きなレッドアイリッシュロード（図1.4 (f) 参照）

図4.1 初めての海外調査。(a) セワード港の浮桟橋とガソリンスタンド。アラスカは海路と空路が主な交通手段。(b) キナイ半島の氷河出口。ここから流れ出す水は, なまら冷たい。(c) 底引き網でのエビ資源調査の混獲物。研究材料としてカジカ類の持ち帰りは許可されたが, その他の混獲物はすべて海に戻された。(d) コディアック島の平磯。この島には氷河がないため海が透明だった。左に水面から発着するフロート水上機が見える。

やアラスカアイナメ（*Hexagrammos decagrammus*）がうようよいました。サケやオヒョウなど, ゲームフィッシングのメッカでは, 磯魚は誰にも獲られないようです。

　サンプリングを終えて平磯から戻るとき, 途中の公園で利発そうな小学生にバケツの中身を見せてと言われ, 気持ちよく差し出しました。すると,「Bony fishes!（ボニイフィッシュ）」と叫び, 屈託のない笑みを浮かべて立ち去りました。「硬骨魚」という専門用語を知っているんだ, と感心する横で,「なんだ雑魚か」って感じね, と訳す明子さん。もう, どうでもよくなりました。

　このときのアラスカは, 自分の研究費はなく, 滞在先での調査補助が主な仕事でしたが, 運良くエビの調査船に乗船する機会がありました。底引き網を使うので, 深場に棲むカジカ類の混獲が期待できます。アラスカの夏は昼間が長く, すでに太陽が昇っている時間に出港しても, 夕方遅くまで暗くならないので, 12時間以上は投網と揚網を繰り返して何箇所も調査します。場所によっては, 大きなオヒョウやタラバガニなど, 美味しそうな獲物がどっさり獲れます。

しかし，調査員は水揚げしたなかから目的の小さなエビだけを 100 個体ピックアップし，残りをすべて海へ戻します。網底で揉まれているうちに足がもげたカニや弱った魚まで戻します。それを見て「もったいない，魚が食べ物であることを知らないのか」と呆れました。"They are dying. Why do you return them?" と船長に尋ねました。船長が困った顔をして，考え始めました。その間に腕まくりしながら，次に言おうとした「日本人の私が，魚の美味しい食べかたを教えましょうか」を英作していました。"Shall I ⋯" と話しかけると，船長は左手でこちらを制し，右手の拳で自分の胸を 2 回たたき "It's our policy. Now, we have research. These are not ours." と私に語りかけ，首を左右に数回振りました。調査に臨むプロ意識の強さに，完全に打ち負かされました。

　いい勉強になりましたが，滞在期間の割には学術的成果の乏しい旅でした。強いて言えば，氷河が背後にある場所では海の透明度が低くダイビングができないこと，プライベートビーチが多く自由に降りられる海岸が少ないことなど，日本との違いを知ったことです。研究成果ではありませんが，翌年の春に長男を授かりました。

アリューシャン列島はカジカたちの通過点

　2006 年，あれから 13 年が経ち，長男は小学 6 年生，2 年後に生まれた次男も小学 4 年生になっていました。待ちに待ったアラスカで潜水調査を企画する機会がやってきました。行き先は，とうの昔に決めていました。氷河のないアリューシャン列島のウナラスカ島です。アラスカへ行ったことがなかったら，日本から遠い，この島への計画は浮かばなかったでしょう。セワードの経験を活かしました。ワシントン大学のピエッチ教授に紹介してもらった現地のダイビングサービス「マックエンタープライズ社」に，アパートの手配から調査許可まで，ロジスティクス全般のサポートを依頼しました。

　マック社は，夫婦で小さなボートを 1 隻保有するだけの作業潜水の会社でした（図 4.2）。マネジメント担当の奥様が，ジャズ歌手として長らく日本で活動していたことがあり，気心が通じる安心感がありました。誤算は，アリューシャン列島が地図上で考えていた以上に広く，ダッチハーバーがあるウナラス

56

図4.2　ウナラスカ島調査でチャーターしたミス・アリッサ号。キャプテンの奥様の名前が船名。船内には通信用機器類がずらり。衛星回線のみのアリューシャン列島の海では通信が命綱。

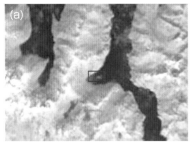

図4.3　太平洋側へ出る途中に立ち寄った洋上すり身工場。(a) 工場の場所を示す地図（前見返しのウナラスカ島の黄色枠）。赤枠の拡大図が(b)で，洋上すり身工場が写っている（Google Earthより）。(c) フィヨルドの穏やかな入江に停泊する1万トン級のすり身工場母船とベーリング海で操業するトロール船（右舷の小型船）。(d) 中央がすり身工場母船，その左がトロール漁船，右は冷凍運搬船と思われる。

カ島のみの調査になったことでした（前見返し地図参照）。2014年と2015年に，異なる季節にも調査に行きましたが，この島のベーリング海側から太平洋側へ出ただけで，調査予定日数と予算が尽きました。

　ベーリング海の漁業拠点であるダッチハーバーは，以前滞在したセワードや

コディアック島などゲームフィッシングの拠点とはまったく違いました（図4.3）。観光地ではなく，陸上も海上も水産業の島でした。労働者風の男たちが闊歩し，資材や冷凍コンテナを積んだ大型トラックが，うなりと土煙を上げて道路を駆け，港では漁船やコンテナ船がひっきりなしに出入りしています。町全体がまるで沸騰した鍋のようで，活気に満ちていました。このビジネスの島では，私たちは間違って渡ってきた迷子の旅行者のようでした。

　ウナラスカ島での成果は，未記載種を含む約30種のカジカ亜目魚類300個体を採集したことです。他の生息地でも採集した種もいましたが，ウナラスカ島で初めてお目にかかれた種が大部分でした（後見返しの付表を参照）。それを数値で見ると，ウナラスカ島とモンテレー湾の両方で採集された共通種の率は17％，それよりアラスカに近いピューゲット海峡・バンクーバー島とでは

図4.4　ウナラスカ島で出会った魚群。(a) 潜水中，突然薄暗くなって見上げたらキタイカナゴの大群が通過していた。(b) 池とベーリング海を結ぶ全長50mほどの川で石を持ち上げると，大きめの石では淡水カジカ（*Cottus aleuticus*）が卵を守っていた（下の写真）。(c) 調査の帰り，「オヒョウが釣れるベストポイントがある。少し釣っていこう」と船長に誘われた。巨大な仕掛けを入れると，1mオーバーのオヒョウがすぐに何枚も釣れた。それよりもキタノホッケ（*Pleurogrammus monopterygius*）が1つの針に2匹も掛かってきたことにたまげた。ウナラスカ島は，どこへ行ってもとんでもない数の魚と出会う。

43％ でした。つまり，ウナラスカ島で採集した魚種の半分以上が他の調査地
では見つけられなかったということです。数回の限られた季節の調査で採集され
る種リストは，その地域の魚類相の一部を切り取っただけです。それでも，
同じ方法で調べた結果なので，独自の魚類相を形成している証しになります。
環北太平洋要素種群にとって，北太平洋沿岸の中央にあるウナラスカ島はグ
レートジャーニーの道の駅になっていることがわかりました（図4.4）。

　この調査では，クチバシカジカを初めてベーリング海で採集しました。本
種の分布様式は，北太平洋西岸側と東岸側に分かれる「分断分布」です（図
1.7 (d) 参照）。太平洋東岸側の分布は，カリフォルニアから太平洋に面するア
ラスカ湾までとされていたので（Mecklenburg *et al.*, 2002），日本調査隊の標
本は，ベーリング海での初記録かつ北限記録の更新になるでしょう。一方，北
太平洋西岸側における本種の分布域は，青森県から東京湾まで太平洋岸のみ
です。本種が日本で最初に発見された頃，日本産のマヒトデ，アカオビシマハ
ゼ，ワカメなどが，外国の海でマリーンペストと言われるほど，生態系を破壊
する厄介な外来生物として知られるようになっていました。そうした生物の渡
航方法が，大洋を横断する貨物船のバラスト水への混入でした。日本で見つか
るクチバシカジカも人為的な移入の可能性が考えられました（宗原ら, 1999）。
しかし，日本産と北米産を比較すると，形態の違いも遺伝的な差異も，別種と

図4.5　クチバシカジカ。(a)は日本産の繁殖ペアで, 左が雄。(b)は北米産の幼魚。雄が
卵の見張り型保護を行う。頭部が大きく二頭身で, 吻端がクチバシのように伸長している。
そのため, 体全体を見た第一印象はうり坊（イノシシの子ども）。体色も白色から濃い橙
色と明るい色彩で, 歩くように移動し, 泳ぎ回らない。生息地が限られ, それも個体数が少
なく滅多に会えない。そうなると, フォト派ダイバーの大人気者になる。日本で繁殖行動
を最初に撮影した人が, 日本カジカ調査隊のカメラマン佐藤長明さん（上の写真も）。

考えられるほど分化していることがわかってきました。おそらく，いまよりも温暖な時代には，現存するクチバシカジカの祖先種が，北海道やアリューシャン列島の海にも生息したと考えられます。その後，寒冷な時代になって，それらの分布域では絶滅し，現在のように北太平洋の東西の集団に分かれて生き残ったのでしょう。このような分布パターンは，図 1.5 で紹介した分布の段階法則における不連続分布期に当てはまります。どこに行っても簡単には見つけられない魚なので，衰退傾向にあるように思います。とても美しい魚ですし，いつまでも残ってほしいと願っています（図 4.5）。

アラスカから日本まで——カジカたちの旅路

　約 400 種が知られるカジカ上科魚類，何度か調査を重ねているものの，全種の遺伝子を集めることは難しそうです。そこで，標本がそろった系統のなかで，生物系統地理学的なキーポイントとなる系統の分析を始めることにしました。最初に目をつけたのがツマグロカジカ属です。

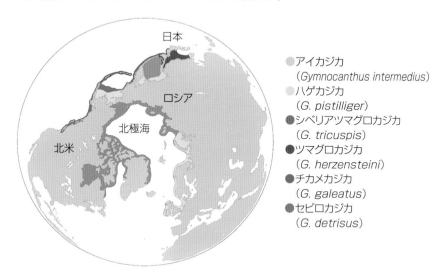

図4.6　ツマグロカジカ属６種の分布（Yamazaki *et al.*, 2013より）。チカメカジカとハゲカジカは環北太平洋に広く分布し，ハゲカジカの一部はシベリアツマグロカジカとともに北極海に進出している。日本周辺にはツマグロカジカとアイカジカが広く分布し，道東にはセビロカジカも生息する。

　本属は6種に分類され，北海道から千島列島，カムチャツカ，アリューシャ
ン，アラスカ，そして北極海と大西洋まで広く分布しています（図4.6）。カジ
カ上科の分布をほぼカバーする，環北太平洋要素種群の模範生です。その頃，
臼尻研究室にも，模範生がやって来ました。フィールド活動と遺伝子実験がし
たいという山崎彩さんです。そして北海道大学水産学部が誇る附属練習船お
しょろ丸が，ベーリング海から北極海の玄関口にあるチャクチ海調査を実施す
る年でした。北極海での標本採集も期待できます。環境と人材が整い，もうや
るしかありません。

　この研究では，ピョートル大帝湾とウラナスカ島で集めた標本のほか，お
しょろ丸，北海道区水産研究所（釧路沖），もちろん臼尻周辺も含む，さまざ
まな場所から集めた標本を使いました（図4.7）。知りたかったことは，ツマグ
ロカジカ属6種の系統関係とその分岐年代，起源地や北極海に侵入した時代な
ど，グレートジャーニーの足跡です。

　臼尻周辺では，アイカジカとツマグロカジカの2種がたくさん生息していま
す。アイカジカは浅海に，ツマグロカジカは深みに生息するという違いはあり
ますが，ともに非交尾-雄卵保護型の繁殖様式です。精子の運動特性は非交尾
魚の典型で，海水へ放出された後に精子運動が開始されます（Hayakawa &

図4.7　アラスカに生息するチ
カメカジカとシベリアツマグロ
カジカおよびダッチハーバーに
寄港中のおしょろ丸。(a) チカメ
カジカはツマグロカジカ属の深
海系統であるが，潜水調査でし
ばしば出会った（撮影：佐藤長
明）。(b) チャクチ海で採集し
たシベリアツマグロカジカを，
(c) おしょろ丸の低温室で日本
に持ち帰った。

Munehara, 2002）。また，浮遊期間の長さが明らかにされ，稚魚の分散能力がどの程度なのかも推測されています。というのは，第 7 章で紹介する稚魚採集用のオリジナルのソリネットを使うと，春頃の砂地で，その年の冬の繁殖期に生まれた浮遊期から着底期へ移る稚魚が採集できるからです。稚魚期に，アイカジカとツマグロカジカを海中で識別することは難しいのですが，遺伝子で識別し，それぞれの種の形態的特徴を把握することで，顕微鏡を使った観察でも分類できるようになりました（Yamazaki & Munehara, 2015）。稚魚の形態が類似し地理的に同所的分布するこの 2 種は，最も近縁な関係にあるだろうと予想していました。しかし，遺伝子の塩基配列の違いに基づいて個体や種間関係を推定する分子系統解析は，予想とはまったく異なる結果を導き出しました。

　ツマグロカジカ属 6 種の分布情報を加えた系統地理解析では，本属の起源地がアリューシャン列島で，そこで浅海種と深海種に分岐し，それぞれが東西に進出したことを示しました（Yamazaki et al., 2013）。さらに，浅海種と深海種が異所的種分化しながらカムチャツカ半島や千島列島周辺へ分布を拡げ，それ

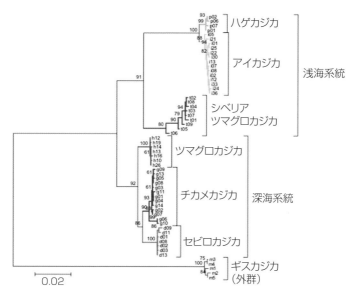

図4.8　ツマグロカジカ属6種の分子系統樹（Yamazaki et al., 2013より）。起源種から浅海系統と深海系統が分岐したのは，810万年くらい前と推定される。

62

それが日本海までやって来たということがわかりました。つまり，アイカジカとツマグロカジカは，はるか昔にアラスカで分岐した浅海種と深海種のそれぞれの末裔で，遠い親戚関係に過ぎないのです（図4.8）。

　予想した結果と異なっていたので，文献を漁りました。すると，形態に基づく系統関係を提唱したブリティッシュコロンビア大学（カナダ）の修士論文が見つかりました（Wilson, 1973）。その大学図書館のホームページから全文をダウンロードしました。専門雑誌で発表されていないので，未発表の資料になりますが，系統関係は分子系統解析の結果とほぼ一致していました。これで自信が持てました。分子系統解析では，種間の系統関係だけでなく，種分化した年代の時間情報が得られます。これは，形態解析では得られない優れた点です。ベーリング海が北極海と開通する地史イベント情報などで分子時計の針の進みかた（塩基配列の変異速度）を補正し，それぞれの分化年代を計算すると，ツマグロカジカ属の北極海への侵入は，シベリアツマグロカジカが500万年前，ハゲカジカはアイカジカから分岐した後の390万年前だったことが推定されました。また，350万年前頃には日本周辺にもツマグロカジカが生息していたこともわかりました。この研究をまとめた山崎彩さんは，暖かいところへ行っても優れた研究成果を挙げたと思います。鳥取県から北海道に来てカジカと出会ったことが，山崎さんのグレートジャーニーでした。この後，もっと寒い海に棲む魚と出会うことになります。

北極圏へのパスポート——不凍タンパク質遺伝子

　初学者の頃に読んで，すごく影響を受けた本が何冊かあります。生物地理学という学問分野には，西村三郎先生の『日本海の成立』（築地書館）で初めて出会いました。世界で初めてウナギの人工受精に成功した北大の大先輩にあたる山本喜一郎先生の『ウナギの誕生—人工孵化への道』（北海道大学出版会）では，ウナギの味は知りませんでしたが，研究の醍醐味と研究者魂に心を奪われました。

　大学院を終えた頃，本屋さんの棚に並んでいた1冊の本に目が釘付けになりました。『南極海の魚はなぜ凍らない』（日経サイエンス社）という本です（図

4.9）。その本の表紙にカジカそっくりな魚がプリントされていたからです。その本は世界中の優れた研究を厳選し，その内容を日本語で概説するシリーズ本の第 8 巻でした。アメリカのドフリース教授らによる魚類から不凍（糖）タンパク質を最初に発見した研究が紹介されていました（De Vries & Wohlschlag, 1969）。同じ寒冷性の魚類を研究していたため，内容にも興味がひかれ，大脳皮質のどこかに「不凍タンパク質」という用語が刷り込まれました。

　北海道の海は冷たいです。とくに冬は。しかし南極海や北極海の冷たさは，次元が違います。それは，氷点下になることです。そうした海中では，適切な備えがなければ，血液や体液（細胞間隙液）が凍りつきます。やがて体内循環が止まり，死が訪れます。

図4.9　『南極海の魚はなぜ凍らない』の表紙。カジカ似の魚は，不凍（糖）タンパク質の研究材料となったノトセニア亜目ノトセニア科のショウワギス。

　凍結は，水のなかに氷の結晶が現れ，それに水分子が結合し，結晶が成長することで固体となる現象です。だから，水を凍りにくくするには，氷晶の出現を阻止することと，その成長を阻害することです。その方法は，いくつかあります。たとえば，海水中にできた氷晶が体内に入らないようにすることです。極地に生息する種の多くは，ヌルヌルした粘液で体表にバリアをまとっています。しかし，鰓など海水と直接触れざるをえない器官もあり，これだけでは防御できません。また，マグロのように体温を上げることも方法の 1 つですが，熱伝導が良い海中では，エネルギーロスが多過ぎます。餌が少なく代謝も下がる凍てつく海では，エネルギーの節約こそがサバイバルの条件です。

　血液や体液に溶け込む物質を増やすことで，凍結温度を下げられます。凝固点降下という現象で，海水の凝固点が $-1.8\,°C$ に降下するのが，まさにそれ。塩化ナトリウムが海水に溶けているからです。ドフリース教授らが発見した糖

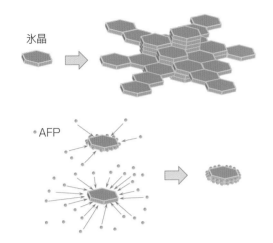

氷晶

AFP

図4.10 不凍タンパク質（AFP）が氷晶の成長を抑制する効果の模式図。六角柱の氷晶の側面にAFPが結合し，氷晶の発達を妨げることで凝固点を下げる。AFPを大量に合成するほうが氷晶の成長を抑制する効果が高い。

タンパク質も，血液や体液の凝固点降下に貢献しています。しかし，ドフリース教授らの発見が本当にすごいのは，この糖タンパク質が氷晶の表面に付着して氷の成長を阻害することによって，桁違いの不凍効果を発揮することです（図 4.10）。この糖タンパク質が不凍糖タンパク質（Antifreeze glycoprotein：AFGP）です。

　その後，南極海だけでなく，北太平洋から北極海や北大西洋へ進出した魚類でも，同様の機能を持った物質が見つかりました。これらの魚類が生産する物質は，糖が結合していないため不凍タンパク質（Antifreeze protein：AFP）と呼ばれていますが，働きは不凍糖タンパク質と同じです。また，ドフリース教授の門下生のルビンスキー教授が，AFP が細胞の脂質二重膜に結合し，細胞を保護する働きを見つけました（Rubinsky *et al.*, 1990; 津田栄, 2018）。つまり，低温下において，細胞の外で細胞膜を保護し，細胞のなかでは凝固点降下と氷晶の発達阻害。この 3 つの働きを持つ優れた生体高分子物質が AF（G）P ということです。AFP を合成できなければ，氷山が浮かぶ海では生きていけません。AFP の合成は，北極圏へのパスポートなのです。現在までに，パスポートを取得した魚類は 9 科から見つかっています。そのうちの 1 つのカジカ科のギスカジカ属（*Myoxocephalus*）で AFP に関する先行研究がありました（Hew *et al.*, 1980 など）。

　博士課程に進学した山崎さんの研究テーマは，AFP と決まっていました。3年間で何ができるかを相談し，同属のトゲカジカ（*M. polyacanthocephalus*），シモフリカジカ（*M. brandti*），ギスカジカ（*M. stelleri*）を北海道とベーリング海から採集し，mRNA の塩基配列を調べて，AFP 遺伝子のアミノ酸配列を決定することから始めました。そして目星がついたところで AFP の発現量の地域差と季節的変化の測定にも着手しました（Yamazaki *et al.*, 2018）。これらの研究は，日本における不凍タンパク質研究のトップランナーである産業技術総合研究所の津田栄教授との共同研究です。

　分析の結果，高緯度ほど，また水温が低い時期ほど，AFP の発現量が多いこと，さらに AFP を合成する遺伝子は 1 つではなかったという，重要な発見をしました。つまり，AFP 遺伝子の遺伝子重複が何度も起こっていたということです。遺伝子重複というのは，同じ配列（コピー）が増える突然変異のことで，同じ機能を持つタンパク質をたくさん合成できるようになるので，生物が適応的に進化するために重要な現象です。これまで報告のあった知見を含め，AFP 遺伝子は合成されるアミノ酸の長さによって類型化でき，遺伝子ファミリーと呼べるほど，非常にたくさんの AFP 遺伝子が存在していることがわかりました。またギスカジカ属では，大西洋にまで進出した種と北極海で留まっている種で，AFP 遺伝子の重複状況が異なっているという結果も得られました。分子系統解析の結果と照合すると，北極海に進出したタイミングは，ベーリング海峡が最初に開通した約 790 万年前頃と，陸地化して閉鎖した後に再開通した 300 万年前頃と推定されました。これをツマグロカジカ属と比べると，最初の進出はツマグロカジカ属より早く，2 回目がおおむね同じ頃となります。ギスカジカ属が大西洋まで分布しているのは，ツマグロカジカ属より先に AFP 合成能を獲得したことで早く北極海へ進出できたのでしょう。

　素晴らしい発見でした。さらに研究は続き，現在凍結海域に生息する魚種だけでなく，過去に凍結海域に進出していた系統の魚種も AFP 遺伝子を持っていることまで突きとめました（Yamazaki *et al.*, 2019）。この結果から，AFP は，凍結環境では遺伝子重複によって合成能が高くなる一方，マイルドな時代（環境）では合成をやめる。そして，再び必要となり合成を再開したときには，重複配列に変異が生じた後なので AFP 遺伝子の多様性が増したのだという考

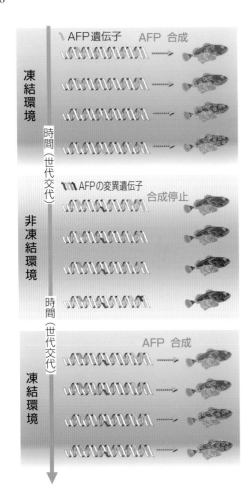

図4.11 不凍タンパク質
（AFP）遺伝子の生息環境
に適応した重複と変異の模
式図。体液が凍結する寒冷
環境では，AFPを大量に合
成できるほど有利なので，
AFP遺伝子の重複が自然
淘汰される。マイルドな環
境ではAFPは不要なので，
合成を止め変異が蓄積す
る。再び凍結環境になると
AFPの合成が再開され，重
複も進みAFP遺伝子ファ
ミリーが増す。

えが浮かびました（図4.11）。外国への入国と出国の記録はパスポートに印（しる）さ
れます。その際のスタンプと同じように，ゲノムに刻まれたAFP遺伝子の重
複と変異は凍結環境への出入りの印（しるし）なのです。

　この研究をやり遂げた山崎彩さんは，2016年3月，北海道大学大学院で優
れた研究業績を修めた女性研究者に贈られる「大塚賞」を受賞しました。10人
に1人の狭き登竜門です。この関門をくぐり抜けて「期待の若手パスポート」
を手にした山崎さんは，遺伝子研究の深みへ，ずぶっと足を踏み入れました。
（大塚賞は第7章にも登場します）

第5章

カムチャツカの旅
——北海道への分岐路

最果てではなかったカムチャツカ

　21世紀になって少子化時代が顕著になってきました。受験生が進学したくなる魅力と特色を持つこと，それを受験生にアピールすることが大学の重要な仕事のひとつになったのです。北大も研究戦略室を立ち上げ，北大の魅力が増す研究をバックアップする体制づくりを始めました。2010年度の募集に"環北太平洋沿岸の海洋生物相研究の新展開—生物系統地理学による歴史検証と未来予測—"をテーマとする研究を提案すると，それが採択されました。研究をさらに進めるチャンス到来です。

　ここまで調査を行ってきたモンテレー湾，バンクーバー島，コディアック島，ウナラスカ島は，それぞれ1000～1500 km間隔で結ばれます。そこから1500 km西にあるのがカムチャツカ半島です（前見返しの地図を参照）。さらに北方領土と北海道，沿海州まで視野を広げると，ほぼ等間隔に環北太平洋沿岸を網羅する軌道を調査地で描けます。カムチャツカ半島は，絶対に欠かせない調査地でした。そこで，まず2010年11月に国際シンポジウムを開催して，ロシアの研究者と親睦を深めました。そして，この実績を起爆剤に文部科学省から研究費を得て，2011年8月と2014年7月に，それぞれ10日間，ロシア・カムチャツカ州の首府であるペトロパブロフスク・カムチャツキー市へ飛ぶことができました。知床半島が北海道の最果ての地。そのはるか北にある彼の地。夏でもブリザードが吹きすさぶ冬景色が脳裏をかすめます。鈍色の空を仰ぎながら海を潜る覚悟を固めて，機上の人となりました。

　しかし，カムチャツカの8月は，青い空と青い海のクリアブルーの世界でした（図5.1）。周辺の町を含めると，この都市周辺には40万人ものロシア人が

図5.1 カムチャツカの夏。ペトロパブロフスク・カムチャツキー市のエリゾヴォ空港に到着，青く澄んだ夏色の空に迎えられた（左）。カムチャツカは火山の国。アバチャ湾も万年雪を冠した4000 m級火山に抱かれている。

暮らしています。街には人々が集い，笑顔があふれ，道路には自動車が連なり，どこも活気がみなぎっていました。カウンターパートのカムチャツカ州立工業大学副学長ニーナ・クラチコワ教授によると，夏が短いので，カムチャツカの人たちは，この時期に思いっきりはじけるのだそうです。ペレストロイカから20年以上が経ち，社会主義国の面影は，もはやありません。

　カムチャツカでも，民間の船をチャーターし，アパートで自炊する，いつもの調査スタイルです。ターゲットの磯魚の生息地情報が皆無なのは毎度のことで，ウェブマップと魚群探知機の深度計を見ながら，経験と勘が頼りの潜水調査です。チャーターしたボートの船尾には，「あしゅら丸」と書かれていました。愛媛県で乗り合いの釣り船として働いていたようです。キャプテンと並んで，魚探とソナーの画面を見ながら30分ほど進むと，アバチャ湾の外へ出ました。アバチャ湾はカムチャツカ半島の東側へ開口しています。淡水が流入する大きな河川がないこともあり，日本海のウラジオストク港が凍結するのに対し，アバチャ湾にはロシア唯一の不凍港があります。ソビエト連邦時代は，太平洋の有事に備える海軍基地でした。

　ソ連からロシアになって急速に発展したカムチャツカ経済の中心都市からの生活排水がアバチャ湾に注がれ，湾内は汚れていました。しかし，湾外へ出ると，素晴らしい透明度の海が待っていました（図5.2）。水温が7℃しかないことを除くと，以前に学会で行ったハワイの海と見紛うばかりです。海岸線も柱状節理など溶岩が冷え固まった奇岩の連続で，火山によってつくられた岩盤

図5.2　カムチャツカの観光資源であるアバチャ湾周辺の海洋生物。
左はシャチの群れ（撮影：佐藤長明），右はラッコと海鳥。

から成ることも同じです。そうした風景を横目に，計器を見て，安全に潜水できる水深 15 m 以浅の調査に適した礫底や岩盤地形を探します。

　調査期間中に，およそ 10 地点潜りました。どこを潜っても，稚魚と繁殖準備の魚たちであふれていました。砂礫底ではカレイ，トクビレ，カジカの仲間の稚魚がバッタの大群のように跳ね，岩場や藻場では婚姻色のウサギアイナメ（*Hexagrammos lagocephalus*）や卵を保護するホテイウオ（*Aptocyclus ventricosus*）が高密度で見られました。鋏足にイカナゴを挟んだケガニを海中で初めて見ました。カムチャツカの 8 月は，海も活気に満ちていました。

カムチャツカで出会った稚魚たち

　最初の調査としては，種数も標本数も十分な数を集めることができました。そこで 3 年後に実現できた 2 回目の調査では，成熟個体をねらって，4 週間前倒しして 7 月に調査時期を設定しました。卵巣中に精子があるかどうかを調べ，非交尾型か交尾型かを判断できるカジカ類の標本を手に入れたかったからです。ところが，2 回目に渡航した 7 月のカムチャツカは，まだ冬の続きでした。水温は 1〜2 ℃，景観はハワイでも，極北の海は低気圧の墓場でした。低水温には慣れているので，海中なら平気でしたが，波が高いと出港できません。荒れた天気の日が多く，調査期間の半分くらいしか海へ出られませんでした。考えてみると，8 月の調査で見た稚魚のラッシュは北海道では 5 月，アイナメ類の婚姻色も 9 月末になって見られるものです。最初の調査でクラチコワ

教授が「カムチャツカの夏は短い」と教えてくれたことが，記憶の底から浮かび上がってきました。

　そこで作戦を変更して稚魚をターゲットに加えました。同行した視力が良い若いメンバーが頼りです。同じ種類の標本ばかりにならないように注意しながら，多くの稚魚を集めて持ち帰りました。

　生物標本は，種がわかってこそ価値が決まります。成長に伴い形態を変える稚魚の種査定には，各種で稚魚から親になるまでの成長段階の連続記録が必要です。しかし，カジカ類の稚魚の形態情報は，非常に少ないのが現状です。たとえば，『日本産稚魚図鑑 第二版』という日本の稚魚分類の全情報を網羅した図鑑があります。日本の稚魚分類学の結晶と言うべき本です。しかし，カジカ類に関しては 69 種しか掲載されておらず，北太平洋西岸で知られる約 150 種のカジカ類の半分以下です。カジカ類に関しては，この図鑑だけでは研究は進みません。そこで，カムチャツカの稚魚分類には，種特異的な遺伝子情報をマーカーとして種査定する，DNA バーコーディングという方法を形態観察と併用しました。この方法を少し詳しく説明しておきます。

　糖と塩基とリン酸を 1 つのユニット（ヌクレオチド）として化学結合で連なった DNA（Deoxyribo-Nucleic Acid）の配列が，生物の設計図です。生物が地球に現れてから数十億年もの間，生命活動に必要な物質をつくり出し，それを子孫へ伝える遺伝物質として使ってきました。DNA の配列は，世代交代に伴い，少しずつ変異が増えていきます。その結果，その配列には，種間で共通する部分もあれば，種内の個体差もあり，系統が近いほど類似するという特性が生じます。各個体の DNA 配列が，商品の識別に使われるバーコードのような種判別情報になることから DNA バーコーディングと呼ばれるようになりました。近縁種の情報がそろっているほど有用です。そこで，多くの種の配列データをデータベース化し，多くの国で共有しようと，世界へ呼びかけたのが，カナダのゲルフ大学のホバート教授です（Hebert *et al.*, 2003）。

　DNA バーコーディングの目的は，種判別です。全ゲノムを解読する必要はありません。多くの生物が共有し，種内変異が少なく，種間変異が検出できる領域を対象とすればよいことになります。塩基配列の変異速度や配列を調べる装置の性能などを勘案して，動物や多くの真核生物では，ミトコンドリアゲノ

図5.3　カムチャツカの夏に出会った稚魚たち。(a) オニカジカ（*Enophrys diceraus*），(b) カムチャツカコオリカジカ（*Stelgistrum concinnum*），(c) チカメカジカ（*Gymnocanthus galeatus*），(d) チシマトクビレ（*Podothecus veternus*），(e) サイトクビレ（*Bothragonus occidentalis*），(f) ヨコスジカジカ（*Hemilepidotus gilberti*）。サイトクビレは，カムチャツカで初記録。(撮影：佐藤長明)

ムにある *COI* 領域（*Cytochrome c Oxidase Subunit 1*）の 648 塩基対が使われています。*COI* 領域の利点は，地理的な差異があまりないことと，多くの種のこの領域を増幅できるユニバーサルプライマーが開発されていることです。DNA バーコーディングのデータベースを公開しているウェブサイト（BOLD：barcode of life data system，http://www.barcodinglife.org/）では，登録数は立ち上げから 5 年後の 2008 年までに 3 万 4000 種，32 万件になり，2017 年には 5

万 8000 種にまで増加しました。生物群あるいは地域によって進行度が異なる
ようですが，年間 3000 種のペースで増えています。種数より件数が多いのは
1 種で複数登録されているからで，つまり個体差があるためです。上記のウェ
ブサイトでは，プライマー情報や解析に使うアプリケーションも公開されてい
ます。そこで，形態情報が乏しい稚魚の種同定に用いてみることにしました。
遺伝子分析にあたったのは修士課程の荻野瑛乃さんです。形態観察が得意で，
この方法でも結果を出しはじめていた百田和幸さんと，遺伝子分析が得意な富
樫孝司さんが手伝いました。これで標本の種査定をして，その標本の形態をス
ケッチする研究体制が整いました。

　その結果，139 標本の形態観察と，形態的特徴で種査定できなかった標本を
遺伝子分析して，6 科 12 属 16 種のカジカ類とダンゴウオ類の種査定ができま
した。クサウオ科 13 標本は，最後まで査定できませんでした。これは，クサ
ウオ科は種類が多く，今回得られた標本の遺伝子情報だけでは 1 つの種に決め
られなかったからです。

　今回の調査では，これまで稚魚の形態に関する知見がなかったトクビレ科
のスタージョンポーチャー（*Podothecus accipenserinus*），チシマトクビレ（*P.
veternus*），カジカ科のオニカジカの一種（*Enophrys lucasi*），セビロカジカ
（*Gymnocanthus detrisus*），チカメカジカ（*G. galeatus*），カムチャツカコオリカ
ジカ（*Stelgistrum concinnum*）の計 6 種について形態的特徴を明らかにするこ
とができました。種同定できた環北太平洋要素種群 21 種のうち 17 種が日本
にも分布する種であり，高い共通割合であることもわかりました（後見返しの
付表を参照）。アラスカから続くカムチャツカ半島東岸は，北へ抜けると北極海，
西へ回るとオホーツク海，南下すると北海道へつながっています。この海の交
差点で南下を選んだ環北太平洋要素種群が，たくさんいるということです。

ナメダンゴの分子時計

　地球規模の気候変動によって，暖かい時代には地球全体の海面が上昇し，海
がつながり，氷河期になると海面が低下し，海が分断されます。生息地が分断
される時代が長ければ 1 つだった集団が 2 つに分化しますが，分化しないうち

に生息地がつながり融合する場合もあります。北太平洋の西側には地殻変動を引き起こすプレートの沈み込みがあるため，日本列島からカムチャツカ半島を含む南北に連なる島嶼列は火山が連続し，地震が頻発します。そのため，集団の分断と融合が頻繁に起こっていたはずです。

　ダンゴウオ科は4属30種で構成され，日本周辺域では2属12種が分布していることになっています。北海道ではお馴染みの，日本最大のダンゴウオ科魚類ホテイウオ（ゴッコ）も，この仲間です。いずれの種類も，お腹に吸盤を持ち（図5.4），ぽっちゃり体形で，顔はゲームキャラクターのスライムそっくりな，ゆるキャラです。

　このグループの種を識別する形態的特徴は，緩んだ体に分布する骨状

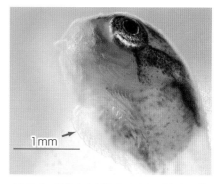

図5.4　孵化したばかりのホテイウオの稚魚の吸盤（矢印の部分）。もともとは腹鰭で，稚魚の間は軟条が透けて見える。（臼尻水産実験所ホームページ「写真館」より）

突起，いわゆるコブです。従来は，その形状や分布をもとに分類されてきました。しかし，このコブは，成長に伴い増大や縮小することがわかってきました。また同じ種類の雄と雌でも，コブの分布状態がまったく異なる例も知られてきました。そのため，別種として記載されていた種が実は同種だったというケースが続発し，分類学的な混乱が続いています。臼尻研究室でも，飼育実験によって，「コンペイトウ，コブフウセンウオ，ナメフウセンウオが1つの種だったよ」という研究論文を発表しています（Hatano *et al.*, 2015，プレスリリースhttps://www.hokudai.ac.jp/news/ 150220_pr_fish.pdf）。この研究は，鳥取県の博物館（とっとり賀露かにっこ館）の研究員をしていた和田年史博士（故人）に，巻貝の殻のなかに産みつけられた卵塊とそれを保護していたコブフウセンウオ雄を送ってもらったことから始まりました。この卵塊を孵化させ，臼尻水産実験所OBで士官として北大練習船に勤務していた阿部拓三博士と性判別ができるまで2年間育てました。その稚魚標本を用いて，羽田野桃子さんに卒業研究として成長に伴う形態変化を調べてもらいました（図5.5）。

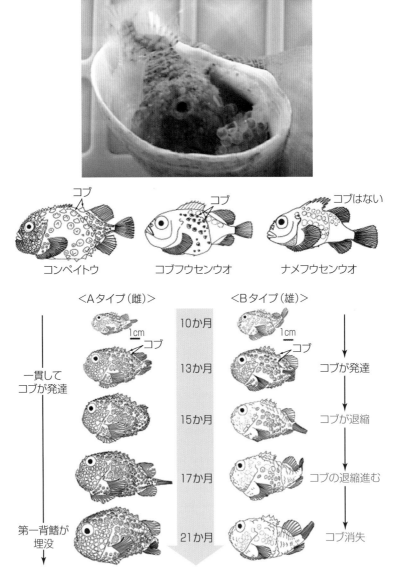

図5.5　3種に分類されていたコンペイトウの形態変化。上：兵庫県沖の日本海，水深300m付近の底引き網で採集された巻き貝の空殻で卵保護中の雄（コブフウセンウオ形態），中：コンペイトウの3形態，下：個体発生に伴う形態変化（毎月，麻酔をかけて写真を撮り，同じ個体のコブの形状変化を観察した）。

　その結果，雌はコンペイトウ（お菓子ではなく，魚の名前です）のようにゴ
ツゴツしたコブ状突起で全身が覆われましたが，雄のコブは発達したあと退縮
し，最終的には消失しました。形態の特徴が，コブフウセンウオからナメフウ
センウオへ変化するという，とんでもない変身ぶりです。つまり，この3種は1
つの種だよ，ということです。命名規約の約束事にしたがって *Eumicrotremus
asperrimus* が有効名として残ります。*E. asperrimus* の標準和名はコンペイト
ウです。覚えやすい名称が残るのはよかったと思います。ただし，コブ状突起
を持たない雄もコンペイトウです。

　前振りが長くなりました。カムチャツカでは，ナメダンゴ（*E. taranetzi*）と
いう魚を数個体採集しました（図5.6）。この魚種はオホーツク海を含むカム
チャツカ半島に分布し，日本では知床半島の羅臼に生息しています。2年かけ
てピンポン球くらいまで成長して繁殖します。ところが，臼尻水産実験所の前
浜でも，一見するとナメダンゴに似た魚が生息しています。ただし，パチンコ
玉ほどの大きさで，1年で成熟するなど，形態とともに生態が異なっている可
能性がありました。そこで，成長に伴う形態変化など，詳細な形態分析と遺伝
子分析を試みました。この研究は2015年のバンクーバー島調査に参加した大
友洋平さん（図3.2参照）が修士課程のテーマとして進めました。

　臼尻の前浜で保護雄と卵を採集することから始めました。先ほどのコンペイ
トウの研究で行ったように，卵を孵化させて稚魚を育成しました。コンペイト
ウやホテイウオもそうですが，この仲間は浮遊期がありません。孵化すると，
もともとは腹鰭だった吸盤で，水槽の壁面に吸着します。卵のなかで十分に育

図5.6　カムチャツカで採集したナメダンゴ幼魚（左）と臼尻に生息するその仲間（右）。(撮影：佐藤長明)

ってから孵化するので，餌の調達が容易で，比較的簡単に育成できます。詳細に形態を観察すると，臼尻のナメダンゴ似の魚は，カムチャツカ半島産のナメダンゴや羅臼産のナメダンゴとは，コブの分布や形状が明らかに異なっていました。しかも，従来の分類形質では種同定できない特徴も持っていました。新種の可能性が考えられました。

　大きな期待を持って分析を進めましたが，ミトコンドリアゲノム3遺伝子座（*COI*，*Control region*，*Cyt b*）に核ゲノム（*Rag1*）を加えた4つの遺伝マーカーを使った解析では，3集団は分離せず，1つのクレードを形成しました。また，クレード内の遺伝的差異も小さく，1つの種とみなせる範囲内でした。ただ，*Rag1* では，羅臼の標本が1個体混じりましたが，臼尻の標本6個体が，カムチャツカの2標本と少しだけ離れてまとまりました。地理的な距離を反映した系統樹のように見えました。しかしながら，今回の遺伝子解析は，臼尻の集団は新種というどころか，臼尻，カムチャツカ半島，羅臼，この3つの集団は1つの種だということを示しています。なんだか，先のコンペイトウと似たような展開になってきました。

　ダンゴウオ類は浮遊生活を持たないため分散範囲が狭く，異所的種分化しやすい魚類です。実際に，形態においては集団間の差が見られました。「環境に適応した形態や生態に進化するほうが，遺伝的分化よりも早い」という，興味深い仮説も浮かび上がります。また別の見かたをすれば，環境の違いによって形態や生態が変わるという，生態学の注目分野の1つ「表現型可塑性」の研究に発展する可能性さえもあります。このケースでは，拙速な結論を出す前に，今回使った遺伝子座より変異が速い領域をまずは調べるべきで，それによって3集団の遺伝的分化が検出できるのではないかと考えています。

　海外調査は楽しいばかりでなく，宿題と苦い思い出もつくってしまいました。反省が必要ですが，北太平洋をぐるりと回る旅は，一旦ここで終えて，臼尻水産実験所へ戻ります。ひと仕事してから，今度は日本列島島めぐりの旅へ出発します。

第6章

**スジアイナメにみる
ゲノムのグレートジャーニー**

稚魚が旅するアイナメ科魚類

　稚魚はどんなに未熟でも，海水の動きに身をゆだねるだけでなく，意思を
持って動きます。その意思とは，次の成長段階に適した生息場所へ近づくこと
です。カジカ類，ゲンゲ類，ダンゴウオ類の稚魚は典型的な直達発生型で，比
較的大きな卵からよく発育した稚魚として孵化します。浮遊期は短く，産卵場
所からそれほど離れていない場所に着底します（Marlieve, 1986）。このような
初期生活史は小さな個体群をつくりやすく，多くの種に分化する確率を高めま
す。先に挙げた魚類グループが，いずれも多くの種に分化していることと一致
しています。

　一方，3属9種のアイナメ科は，環北太平洋要素種群のなかでは，種数の上
では繁栄しているグループと言えません。しかし，地理的に広い分布域を持
ち，個体数も多く，沿岸域では圧倒的な存在感を誇ります。種数が少ない理由
があるはずです。

　アイナメ科魚類は，直径 1.8〜2.5 mm の卵から，全長 7〜9 mm の稚魚（正
確には，稚魚より未熟な仔魚）で生まれます。強い走光性を持ち，長い体幹で
遊泳力もかなりあり，浮遊生活期が数か月続きます。わずかに岸が見えるくら
いの沖合を航行しながら，稚魚ネットを曳くと採集されるのが，アイナメ科魚
類です。そのため，このグループの種は比較的広い分散範囲を持つと推測され
ます。実際に，日本に分布するアイナメでは，地域間の遺伝的な差は大きくあ
りません（Kimura-Kawaguchi *et al.*, 2014）。強い分散能力が，種数が少ない理
由の1つでしょう。しかし，このようなありきたりの話で，アイナメ属の種分
化の章は終わりません。

　アイナメ属は6種が知られています。系統地理学的解析から，祖先種はアラスカ湾で起源したと考えられています（Shinohara, 1994; Crow *et al.*, 2007）。祖先種に最も近いのがアラスカアイナメ（*Hexagrammos decagrammus*）で，次いでウサギアイナメ（*H. lagocephalus*），エゾアイナメ（*H. stelleri*），スジアイナメ（*H. octogrammus*）と分化しました。西方へ島嶼に沿って分布を拡げながら，本州にも分布するアイナメ（*H. otakii*）とクジメ（*H. agrammus*）の共通祖先種までが，異所的種分化したと考えられています（図6.1）。主な地理的分布域が島嶼域などで分けられる近縁種間については，確かに「異所的種分化」が当てはまりそうです。しかし，スジアイナメが環北太平洋に広く生息していることと，地理的分布が完全に一致するアイナメとクジメの種分化に関しては，単純に異所的種分化で説明づけられません。しかも，この3種の間で，特殊な生殖様式を持った2つの雑種が生まれています。なんだか，とっても面白そう。

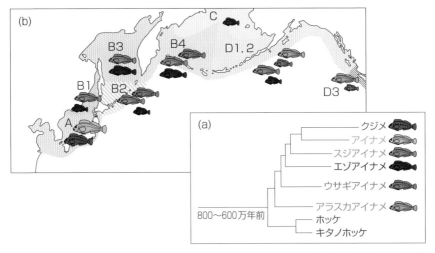

図6.1　アイナメ属6種の系統関係と分布域。(a) ミトコンドリアと核ゲノム合計2013塩基配列を調べて，最尤法（MP），近接結合法（NJ）およびベイズ推定（Bay）の結果を統合した分子系統図（Crow *et al.*, 2004より）。(b) アイナメ属6種の分布図。区分けと各種の分布は，Shinohara（1994）から引用。地図上の魚のサイズは，各種の区分毎の相対的豊度を示す。

日本にたどり着いたアイナメたちの混沌

　アイナメ，クジメ，スジアイナメの 3 種が同所的に生息する函館市周辺では，雑種の存在は，魚に詳しい釣り人たちの間では古くから知られていたようです。クジメとスジアイナメは浅瀬に生息し，繁殖期や繁殖場所など共通点がたくさんあります。形態や体サイズも類似していますが，側中線上の有孔鱗数など，計数形質には違いがあります。最も明確な種間差は側線の本数です。クジメはアイナメ科のなかで唯一，1 本なのに対し，スジアイナメは他のアイナメ同様に 5 本です。雑種は，その中間の 2〜4 本で，しかも途切れ途切れなので，側線を調べることで識別できます（図 6.2）。この雑種を"クジメ系雑種"と呼ぶことにします。

　さらにアイナメとスジアイナメの中間的な特徴を持った雑種もいます。アイナメとスジアイナメは，頭部皮弁の対数，尾部の形状，有孔鱗数などで識別され，成魚の体サイズや体の模様も異なります。最大体長が 45 cm 以上にもなり特徴的な体色と体形を持つアイナメを雑種と見間違うことはありませんが，ぱ

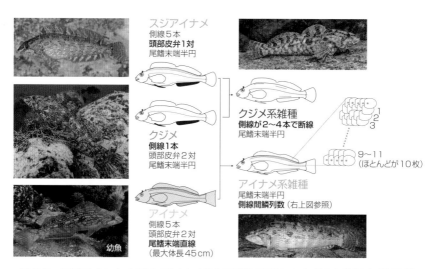

図 6.2　スジアイナメ，クジメ，アイナメおよび雑種 2 系統。これらの魚類はよく似るが，体形，側線，頭部の皮弁，尾鰭末端形状，鱗列などで識別される。こうした形態の識別結果と遺伝子分析の結果は一致するので，雑種であることがわかる。（写真撮影：佐藤長明）

っと見，スジアイナメなんだけど，どこかアイナメにも似ている。そんな怪し
い個体がときどき現れます。これらを識別する最も正確な形態的差異は，第
二側線と第三側線間の鱗列です（Balanov *et al*., 2001）。スジアイナメは7〜9
枚，アイナメは13〜16枚ですが，怪しい個体の列数を数えると，9枚から11
枚，ほとんどが10枚でした。そうした個体を遺伝子分析すると，スジアイナ
メとアイナメのそれぞれの種固有の対立遺伝子を1つずつ持っていることがわ
かりました（Kimura-Kawaguchi *et al*., 2014）。怪しい個体は，やはり雑種でし
た。こちらの雑種を"アイナメ系雑種"と呼ぶことにします。一方，この3種
間で最も近縁な関係にあるアイナメとクジメの雑種はいません。それこそ，こ
の2種が「同所的種分化」した根拠の1つになるのですが，詳しくは後ほど。

　交雑は，外来生物の移入や異なる水系を融合させる大規模な土木工事など，
人為的な環境破壊が原因で起こる場合があります。しかし，本来は自然現象で
す。異所的種分化した近縁な2種が，地殻変動などで生息地間の障壁がなくな
れば，再会します。二次的接触です。そうなったとき，交雑は必然的に起こり
ます。一方，品種改良として，人為的に近縁種を交雑させることがあります。
両親種の良いところを遺伝して優れた形質を持った子ができる場合があるか
らです。こんなことは，まれにしか起きませんが，雑種強勢と呼ばれる現象で
す。二次的接触で起きる野外の交雑も，優れた強い子が生まれるなら，交雑す
るほうが適応的です。交雑から新種が誕生し，地史的スケールで瞬く間に両種
が融合してしまうでしょう（図6.3）。

　この反対に，成長や行動が親種より劣る，あるいは生殖力（＝妊性，稔性）
がないなど，雑種弱勢がはっきり出る場合，交雑は適応度を下げます。これが
交雑のよくある結末で，配偶相手の種をしっかり認識する方向へ進化します。
ただ，配偶相手の識別を厳密にすると，配偶機会を減らしてしまいます。識別
の多少のルーズさも子孫を残す上で必要なことなので，さまざまな種間の自然
雑種がしばしば見つかります。このように交雑はふつうの自然現象です。し
かし，一般的には出現頻度が低いものです。ところが，アイナメ雄がとんでも
ない頻度でアイナメ以外の種と交雑している，という観察結果が得られたの
です。

- 遺伝的な距離…地理的隔離の時間に相関
- 表現的な相違（形態や行動）…経験した淘汰圧の違い

大 ━━━━━━━━━━━━━━━━━━━━━ 小

二次的接触

交雑しない	交雑する
＝種の認知が確立されていた ①どちらかが生残し, 一方は絶滅 ②共存	＝種の認知が確立されていない ①どちらかが生残し, 一方は絶滅 　（絶滅種の遺伝子の一部は取り込まれて残る） ②共存 ③１つの種に融合 ④雑種が特殊な遺伝様式で生存 　a. 両親種と共存 　b. 一方の親種が絶滅

図6.3 二次的接触後に起こりうる種間関係の模式図。地理的隔離の時間やそれぞれの集団が受けてきた淘汰圧により種間の形質差は異なる。二次的接触後, 種間差が大きい場合は, 交雑せずに共存か一方の絶滅となる。種間差が小さい場合は, 交雑する。その結果, 絶滅, 種の認知を確立し共存, あるいは１つの種になる。また, 雑種が特殊な遺伝様式で生存する場合もある（本章で後述する半クローンなど）。

　アイナメのなわばりに水中ビデオを 23 日間設置して, 約 600 時間（夜間は映りません）繁殖行動を観察し, 26 回の産卵行動の撮影に成功しました。なんと, 相手がアイナメだったのは, わずか 7 回でした。アイナメの繁殖行動を観察した論文はそれまでなかったので, 早速, この観察結果を論文にまとめ, 雑誌に投稿しました。3 か月たち, 審査員からコメントが返ってきました。「通常ではありえない頻度の交雑。種判別が間違っているのではないか。これだけ高頻度で起こる交雑の背景を考察するべき」と記されていました。形態や斑紋が類似したクジメとスジアイナメ, それに雑種 2 系統も加わって, これらの正確な判別は, 確かにビデオ映像では困難でした。しかし形態が大きく異なるアイナメの識別には自信を持っていました。だから, アイナメ以外の 19 回のうち, 6 回はスジアイナメの可能性が高いが, 13 回は同定不能とし, 事実を記載する価値を主張して, この論文のアクセプトをもらいました（Munehara *et al.*, 2000）。「通常ではありえない交雑の背景」を突きとめる研究は, ここから始まりました。

北海道の海で起きたアイナメたちの種分化

　アイナメ属雑種は 2 系統とも，形態分析によって親が何種と何種なのかは
わかります。さらに，どちらの種が雑種の母なのか父なのか，また逆の組み合
わせもあるのかを突きとめるには，遺伝子分析が必要です。そんなとき，海外
の大学院生を対象に文部科学省が募集した日本の大学への留学プログラムでカ
リフォルニア大学サンタクルズ校のカレン（Karen D. Crow，図 3.12 参照）が
やって来ました。彼女は，ミトコンドリア DNA 多型を遺伝マーカーとして，
アラスカアイナメの雄が複数の雌と交配することを明らかにし，それを論文に
まとめていました。こちらが抱えている研究課題にぴったりの人材です。

　雑種の話を説明すると，期待どおり関心を持ってくれました。しかし，彼女
は種分化に関する研究がしたいようで，アイナメとクジメの地理的重複分布の
ほうに興味を持ちました。このような流れから，この 2 種の同所的種分化を博
士論文の核にするというカレンとの共同研究が始まりました。

　分子系統解析では，アイナメ属は約 800〜600 万年前頃にホッケ属と分岐し，
その後に属内の分化を始め，スジアイナメの祖先種とアイナメとクジメの共通
祖先種が異所的種分化したのが 360〜220 万年前頃と推定されました（Crow *et
al.*, 2004）（図 6.4 (a)）。現在の 3 種の分布を考えると，それが起きたのは津軽
海峡と宗谷海峡が閉じられていた時代で，その後にアイナメとクジメが同所的
に種分化したと推測されます（図 6.4 (b)）。しかし，推測は仮説に過ぎません。
カレンはこの仮説の実証に挑みました。

　カレンが注目したのは種の認知機構です。同所的種分化した 2 種は，分化し
た後も同種と異種を間違えることはありません。なぜなら，種の認知機構を強
固にすることで，1 つの種が 2 つに分かれたからです。一方，生息地の分断に
伴って起こる異所的種分化は，種の認知機構を確立する経験を持たずに，異な
る環境に適応して遺伝的に分化することです。そのため，分断していた境界が
消失して二次的接触が起こると，2 種の交雑が起きます。交雑するようになる
と，どうなるか。卵は受精するのか，孵化前に死んでしまうのか，それとも成
熟するまで生き残って子孫を残すのか。その顛末は，接触したときの 2 種間の
遺伝的分化の程度によって異なります（図 6.3）。アイナメとクジメの雑種は果

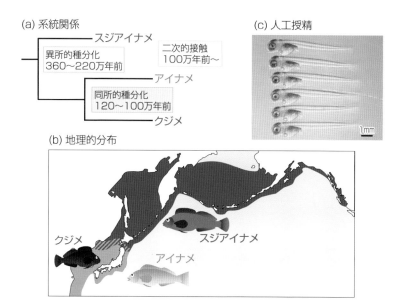

図6.4　アイナメとクジメの同所的種分化を実証した研究の概略図。(a)系統関係や分布から推定される3種の地史イベント。(b)クジメとアイナメは同所的分布，スジアイナメは他の2種より北で，北海道で3種が分布しスジアイナメが関係する雑種が出現。(c)クジメとアイナメの雑種は人工受精で普通に発育。しかし野外では見られないので，種の認知機構が確立している。

たして孵化できるのか，これは人工受精実験で確かめられます。そこで対照実験として，スジアイナメも加えて，3種の雄と雌を入れ替える9通りの人工受精を何度か繰り返すことになりました。

　その結果，スジアイナメの精子を掛け合わせたクジメとアイナメの交雑卵だけは，発生の途中でほとんどが死亡しました。一方，アイナメとクジメの交雑卵は同種間の交配と同じくらい高い確率で孵化し，仔魚は正常に泳ぎだしました（図 6.4 (c)）。アイナメとクジメの雑種がもし交雑すれば，野外で見つかるはずですが，その雑種がいないということは，この 2 種間で種の認知がしっかりできている証拠です。つまり，アイナメとクジメは同所的種分化した 2 種なのです（Crow *et al.*, 2010）。

　この研究成果の雑誌掲載も，エディターから改訂を 3 回命じられるなど，苦戦しました。しかし，カレンの粘りで，分子生態学の専門雑誌として評価が高い Molecular Ecology からアクセプトを勝ち取りました。カレンのアプローチ

は，明確な分布の境界がない海産生物において，3 種間の系統関係，分布，種の認知，遺伝的分化度の相対評価によって，同所的種分化を実証したものです。改訂中は厳しいコメントを返してきたエディターが，最後には，この実証方法を絶賛した記事を，論文が掲載された号の "News and Views" に寄稿してくれました（Elmer & Meyer, 2010）。それほど，海産生物の同所的種分化の実証は難しいということです。アイナメとクジメの同所的種分化は，分子時計から推定して 120〜100 万年前頃の出来事です。

旅をするゲノム，それは半クローン

カレンとの共同研究では，アイナメとクジメの同所的種分化を明らかにできました。次は，もう 1 つの課題，「高い頻度で交雑が起こっているのに，なぜ種の境界が維持されているのか」への挑戦です。うれしいことに，このタイミングで「アイナメ科魚類にみる交雑の生態学」という研究課題に，文部科学省の大きな研究予算がつきました。この研究費で構想を温めていた特殊な稚魚水槽（図 6.5）と低温室，さらに遺伝子解析用の新たな機器も用意することができました。しかし，そうした設備をそろえただけでは研究は進みません。重要なのは人材です。そんなときに，ファイトのある女子が臼尻水産実験所へ配属

図6.5 ドラム型稚魚水槽。水族館で見たクラゲ展示水槽を参考に発案。左：製作中の水槽（写真提供：K:z）。右：アイナメ系雑種稚魚を飼育中。通常の飼育水槽では，仔稚魚は光のあるほうに集まるため，餌がいったん底に沈むと仔稚魚は食べられなくなる。それがドラム型水槽では，スポンジフィルターのエアーによって海水が一定方向に回転するため，仔稚魚は水流に向かって泳ぎ，流れてくる餌に常時ありつける。

されてきました。卒業研究後はおとなしく就職することを考えていたようですが，就職活動で不在のときに，大学院の募集要項をこっそり机の上に置いておきました。それが効いたのかどうかわかりませんが，木村幹子さんは博士課程まで進みました。

　時は間断なく流れて，木村さんが臼尻にいた 6 年あまりの間にもいろいろなことがありました。栄誉なことだけに絞ると，日本生態学会や国際学会で最優秀ポスター賞など，若手を対象とする賞を何度も受賞したことでしょう。

　臼尻 6 年目。博士論文の執筆にそろそろ取り掛からないと間に合わないぞ，と心配していたある秋の日でした。「アイナメ属の野外雑種は，半クローン（Hemiclone）で雑種発生（Hybridogenesis）によって繁殖しているとしか思えん」と，滅多に見せない深刻な顔をして木村さんが相談にやってきました。実験データを見せてもらっているうちに興奮してきました。「もしかしたら，とんでもない発見じゃないか！ 絶対に間違いないところまで実験して詰めなきゃだめだ」と励まし，学位取得を 3 か月遅らせました。指導教員としては失格です。そこを第一線の進化学者の河田雅圭東北大学教授と，水産遺伝育種学の大家である荒井克俊北大教授に補っていただきました。

　何通りもの検証実験を重ねました。そして，ついに「アイナメ属 3 種間の境界が維持されている理由は，雑種が遺伝的に交わらない半クローンだから」という結論が得られました。最後の 3 か月で詰め切った実験を核として博士論文を書き上げ，翌 2010 年 3 月，臼尻研究室で最初の「大塚賞」受賞の栄誉を木村さんは手にしました。博士論文の完成を遅らせてまでやり遂げた成果が評価されて，私も受賞したような気持ちになりました。

　木村さんの大活躍で完全解決した，と思われた雑種問題でしたが，さらに研究を進めるうちに，現在 3 種は交雑していないこと，何万年以上も前の交雑で出現した半クローンがクジメやアイナメと戻し交配をして，現在まで代々続いていることが遺伝子分析の結果からわかりました。話が複雑になってきましたね。ここまでの話を理解してもらうためには，半クローンとは何か？ この用語の説明が必要でした。でもその前に，ふつうの雑種の遺伝を確認しておきましょう。

　S 種（ゲノム組成を s＋s＝2s と表します）と K 種（同じく 2k）のゲノムを 1 セットずつ持った雑種（ゲノム組成は s＋k）が父 K 種と戻し交配すると，

その子のゲノム組成はどうなるか。ここは高校生物で学ぶ遺伝の知識で十分です。極めて近縁な種間の雑種ならば，減数分裂をして，(s + k)/2 のゲノムを持つ卵がつくられます。その卵に K 種の精子ゲノム（k）が加わります。したがって，雑種の子のゲノム組成は (s + 3k)/2 となります（図 6.6）。ところが，アイナメ属の野外雑種では，この変換式が成り立ちません。

　細胞中のゲノム量，対立遺伝子の型，染色体の核型など，種固有のゲノムの"型"を示す遺伝形質を遺伝マーカーとして用い，人工受精を繰り返して，雑種の遺伝様式を調べました。その結果，アイナメ属雑種の体細胞には，母親と父親のゲノムが 1 対ずつ含まれていることがわかりました。つまり，父親の遺伝子は子にしっかり伝わっているということです。しかし，生殖細胞から卵ができる過程で，父親ゲノムが消失し，母親ゲノムだけが残って完熟卵になります。母系で代々伝わってきたゲノム，それだけが生殖細胞に引き継がれるので

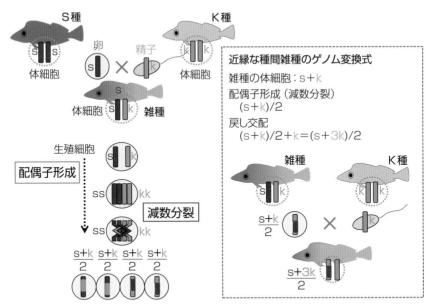

図6.6　近縁な種間雑種のゲノムの動態。体細胞では父種と母種のゲノムを1セットずつ持ち，生殖細胞では通常の減数分裂が起こる。その雑種が父種と戻し交配すると，母種：父種＝1：3のゲノム組成の雑種2代目が生まれる。このモデルではゲノム1セットが染色体1本を想定しているが，アイナメ，クジメ，スジアイナメは1セット24本ある。右図は，雑種が配偶子をつくれる場合を想定している。減数分裂が不全で不妊（不稔）の場合もある。

す（図 6.7，図 6.8）。体細胞のゲノムの半分がクローンということです。こうした個体を半クローンと呼び，この遺伝様式が雑種発生（Hybridogenesis）です（Kimura-Kawaguchi *et al.*, 2014）。

　半クローンは，アイナメ属以外にも胎生メダカの仲間など 5 つの生物で知られています。いずれも雑種が起源です。半クローンの生殖細胞では，父親ゲノムはすべて消されますが，それには理由があるはずです。ゲノムは染色体にあるので，染色体の挙動を見ることで父親ゲノムを追跡できます。雑種の体細胞では異なる種の染色体が 1 セットずつありますが，細胞分裂のときも，タイミングこそ同調していますが染色体は対合することなく，それぞれ別行動で独立して倍化と分裂を繰り返します。ですから，それぞれの染色体上にある遺伝子群が，お互い補い合って役割を果たしてさえいれば，生命活動が維持され，個体の成長は可能です。しかし，配偶子を形成する際には，染色体の対合という共同作業で始まる減数分裂があります。異種の染色体では，こうした共同作業

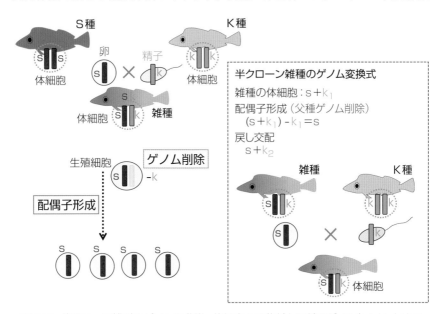

図6.7　半クローン雑種のゲノムの動態。体細胞では父種と母種のゲノムを 1 セットずつ持つが, 配偶子形成過程で父種ゲノムが消失する。配偶子のゲノムは母種由来のものがそのまま引き継がれ, 父種と戻し交配することで, 雑種の体細胞は母種と父種のゲノムを 1 セットずつ持つことになる。母種ゲノムは代々同じであるが, 父種ゲノムは全部入れ替わる。

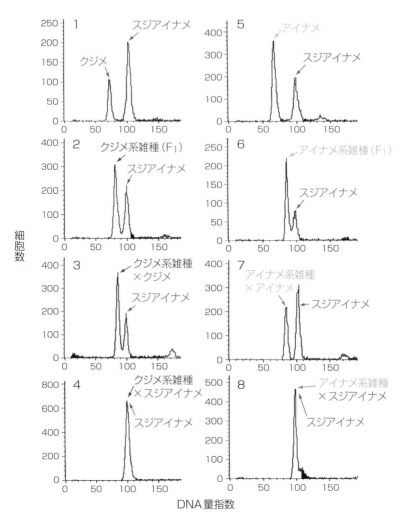

図6.8 スジアイナメとクジメおよびスジアイナメとアイナメ, それに人工受精して作出した雑種の1細胞中に含まれているDNA量の比較。スジアイナメは他の2種よりDNA量が多い。雑種はその中間の値を示す。その雑種とクジメ, アイナメさらにスジアイナメとも交配させ, その子のDNA量を測った。クジメやアイナメと交雑させると, その子は母親の雑種と同じ量, 一方スジアイナメと交配させた子はスジアイナメと同じ量。つまり雑種では, 子の代になると父親（クジメ, アイナメ）からのDNAは捨てられ, 母親の雑種のDNAだけが引き継がれたことを示す。この分析結果は, 雑種が半クローンで雑種発生することを示す証拠のひとつで, その他に多型増幅断片長分析やマイクロサテライト分析も行い, アイナメ属雑種の半クローンを突きとめた。（Kimura-Kawaguchi *et al*., 2014より）

がうまくいかないことがあります。つまり，減数分裂の不全です。多くの雑種で生殖力がない理由が，これです。

　染色体の共同作業ができない雑種が配偶子をつくるためには，どのような方法があるか。それは共同作業をやらずに済ませることです。その 1 つの方法は，雄親ゲノムを捨てることによって共同作業である染色体の対合を回避することです。これが半クローンの仕組みであり本性（ほんしょう）です。また，体細胞分裂はうまくいくのだから，配偶子をつくるときも体細胞分裂と同じように染色体の対合をしない。これが一部のトカゲや道南の景勝地・大沼国定公園に生息するギンブナなどで知られるクローンの方法です（図 6.9）。半クローンとクローンは似ていますが，大きな違いがあります。それは，半クローンでは雄を必ず必要とするけれど，クローンは雄なしでも増殖できることです。

　1993 年に製作された「ジュラシックパーク」という SF 映画で，古生物学者のグラント博士が「生命は，必ず道を見つける」とつぶやくシーンがありました。孵

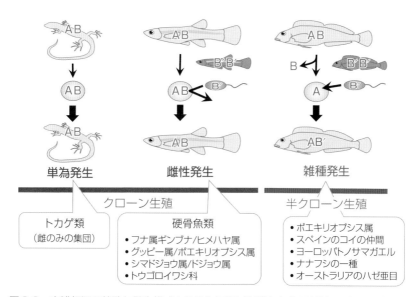

図6.9　交雑起源の特殊な発生様式とそれを行う生物種族（プレスリリース https://www. hokudai.ac.jp/news/160929_fsc_pr.pdf より）。クローン生殖には，体細胞と同じゲノム組成の卵が精子の刺激なく発生を開始する単為発生と，精子の刺激を必要とする雌性発生（この様式では精子ゲノムは発生初期の卵のなかで消される）がある。半クローンによる雑種発生では，卵になる前の生殖細胞のなかで雄親ゲノムが消される。（作図：木村幹子）

化した後の恐竜の卵殻を見つけ，雌しかいない凶暴な恐竜ラプトルがクローンの子を生んだことを察知した場面です。クローン生殖できたのは，恐竜の遺伝子の欠損部分にカエルの遺伝子を組み込んだためということでした。しかし，このシナリオには架空の話が2つ含まれています。1つは，半クローンのカエルは知られていましたが，クローンを産む種は見つかっていません。もう1つは，当時，これらの特殊な遺伝様式が生まれる原因は，近くもなく遠くもない，交雑する2種間の微妙な遺伝的距離にあると考えられていました。クローンや半クローンを生みだす遺伝子の存在に研究者がはっきりと気づくのは，実際にはもっと後のことです（Stöck *et al.*, 2010；Kimura-Kawaguchi *et al.*, 2014）。最新のコンピューターグラフィックスが見所の映画でしたが，科学への先見性もすごいですね。

クジメからアイナメに乗り換えた半クローン，それってどういうこと？

　アイナメ属の野外雑種は，スジアイナメとクジメのゲノムを持つクジメ系雑種，スジアイナメとアイナメのゲノムを持つアイナメ系雑種，ともに半クローンです。両親の性別もわかり，雑種が占める割合もわかってきました（図6.10）。2つの半クローンは父親の種こそ違えども起源は同じ，1つがわかればもう1つも同じと思っていました。しかし，この考えは，半クローンのことを半分しかわかっていないも同然でした。半クローンという生き物の本性を甘く見ていました。

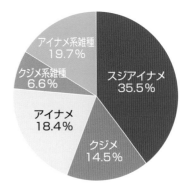

図6.10　2004年〜2010年の7年間に，魚種や体サイズの偏りがないように，刺し網，カゴ，釣りなどさまざまな漁法で採集した約1000標本の魚種（系統）別の出現頻度。

　アイナメ系雑種がクジメ系雑種と違うところは，父親ゲノムがクジメではなくアイナメであることです。違いはそれだけですが，アイナメ系雑種は，スジアイナメとアイナメの交雑で生まれた雑種ではなかったのです。

　「半クローンは，どれほど昔に現れたのか」を調べるため，分子系統解析を
しました。2 つの雑種とスジアイナメを約 30 個体ずつ採集し，ミトコンドリ
アゲノムの分子系統樹を作成しました。この調査は，木村さんの博士取得後に
臼尻水産実験所へ配属されてきた堀田海帆さんが担当しました。

　分子系統用の解析ソフトをパソコンで走らせて出来上がった系統樹を見て，
アイナメ系雑種の枝に驚きました（図 6.11）。この分析では 2498 塩基対の配
列を調べています。これだけ調べると，各個体の塩基配列の違い，すなわちハ
プロタイプは相当数検出できます。水色で示したスジアイナメでは，複数の個
体でシェアしているハプロタイプはわずか 4 種類で，21 個体が独自のハプロ
タイプです。クジメ系雑種は，スジアイナメほど多くはありませんが，31 個体
で 10 種類のハプロタイプに分けられました。それに対してアイナメ系雑種で
は，38 個体のうち 37 個体が同じハプロタイプです。残る 1 個体のハプロタイ
プも，2 塩基の違いだけです。さらに驚かされたのは，アイナメ系雑種のハプ
ロタイプは，クジメ系雑種とシェアしていますが，スジアイナメとは 6 塩基以

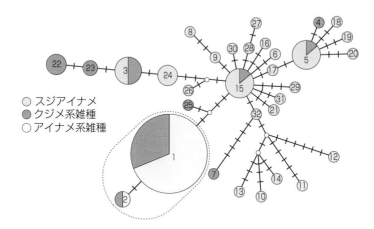

図6.11　ミトコンドリアゲノム3遺伝子座2498塩基配列から作成したスジアイナ
メと雑種2系統の無根系統樹。円のなかの数字はハプロタイプ番号，円の大きさは
同じハプロタイプを持つ個体数，また円と円の間のバー1つが1塩基置換を表す。
アイナメ系雑種は多型が少なく，すべての個体が1つの枝にある（点線で囲った部
分）。核ゲノムの遺伝子型分析からも，囲い内の個体（クジメ系雑種も含む）は同じ
半クローンゲノムを持つと推定された。「アイナメ系雑種がクジメ系雑種とアイナメ
の交雑から始まった」まさかの仮説が確かめられた。(Munehara *et al.*, 2016より)

上も異なっていました。1つの仮説を思いつきましたが，それは「まさかの仮説」です。系統樹を作成した堀田さんも，「まさかの仮説」に半信半疑でした。そこで，ミトコンドリアゲノムと同様に母系遺伝する半クローンゲノムの多型性を調べました。

　結果は，アイナメ系雑種の半クローンゲノムも集団内の変異はほとんどない，というものでした。なおかつ，ハプロタイプをシェアしていたクジメ系雑種とアイナメ系雑種は，同じ半クローンゲノムを持っていることが明らかになりました。ミトコンドリアゲノムの解析結果と一致しています。つまり，すべてのアイナメ系雑種は，アイナメと交雑したクジメ系雑種の子孫たちだということです。アイナメとスジアイナメの交雑が起源ではないのです。ミトコンドリアゲノムも核ゲノムも変異がわずかにあったことから推定すると，クジメ系雑種とアイナメの交雑は最近ではなく数万年前の出来事です。現在，道南で一大勢力としてはびこっているアイナメ系雑種は，すべてそのときの交雑で生まれた子孫です（Munehara *et al.*, 2016）。半クローンは1世代で父親ゲノムが入れ替わるので，クジメ系雑種（s + k）とアイナメ（2a）の交配で，アイナメ系雑種（s + a）になります。高校生物の教科書に載っていない超難解な変換式ですが，アイナメ属の雑種は何万年も前にこの式を解いていたのです（図6.12）。北大生にも負けないインテリジェントぶりです。いや，もしかしたら半クローン雑種のほうが賢いかもしれません。それは，まさかの続きがあるからです。

　クジメ系雑種がスジアイナメと交配すると，スジアイナメに戻ります（図6.12D）。スジアイナメに戻った個体は，通常の減数分裂で卵や精子をつくり子孫を残します（Suzuki *et al.*, 2017）。そして，その子孫がクジメと交配すると，半クローン発生する雑種が出るのです。半クローンの研究を引き継いだ鈴木将太さんがこのことを明らかにしました（結果の一部はSuzuki *et al.*, 2020）。この研究結果が意味するところも壮大です。スジアイナメはアラスカから日本まで広い分布域を持っています（図6.1および図6.4参照）。半クローンゲノムが，クジメやアイナメ以外の種にも宿ることができるなら，それらの種の体細胞を乗り物にして，スジアイナメゲノムは環北太平洋を渡りきることができるのです。この仮説には，まだ実証を必要とする部分があります。しかし，半クローンを甘く見てはいけません。半クローンは生き残った奴が勝ちという仁義

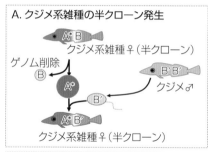
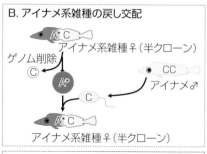
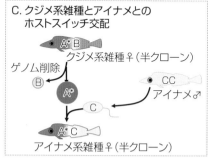
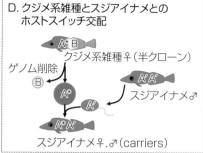

図6.12　アイナメ属雑種が現在行い（A, B, D），過去に行った（C）交配パターン。Dの交配では，子はスジアイナメになり，半クローンではなく通常の減数分裂型の配偶子を生産し，スジアイナメ集団に溶け込む。(Munehara *et al.*, 2016; Suzuki *et al.*, 2020)

なきルール無用の生物の世界でパラサイトの如く狡猾に生き残ってきた猛者です。どこかで最適解を見つけていたから，今日の繁栄があるのだと思います。

　ビデオ観察でわかったアイナメ属の異常に高頻度な交雑は，人為的環境破壊によって起きたもの，とありがちな予想を立てました。しかし，遺伝子分析から，人間が北海道に住み始める前に，すでに半クローン雑種はこの世に生まれていたことがわかりました。アイナメ属の交雑も半クローンも，自然現象です。SF映画も楽しいですが，やっぱりリアル生物のほうがもっと面白い！

　なお，アイナメの産卵行動は，以下で視聴できます。

アイナメの産卵行動
http://www.kaibundo.jp/
hokusui/ainame1.mp4
(7.5MB)

アイナメと雑種との
産卵行動および
スニーキング
http://www.kaibundo.jp/
hokusui/ainame2.mp4
(14.5MB)

サンプリングマシーンの開発

　現代は，地史的レベルで温暖期と言われています。環境変動に対して魚類群集がどう応答するか，水産実験所としては情報を蓄積する必要があります。寒冷性磯魚の多くは，親が卵保護して比較的発育が進んだ仔稚魚をつくり出しますが，温帯性の磯魚には，たくさんの卵を海中に産み出す繁殖戦略をとっている種が多くいます。それは，成功率は限りなくゼロに近くても，新しい植民地へチャレンジするためです。21世紀初頭における，温帯性磯魚たちの北海道へのチャレンジぶりを記録しました。

　チャレンジャーは稚魚たちです。水産資源の調査目的で行う稚魚採集は，船で沖合へ出て稚魚ネットを曳網する方法で行います。しかし，対象とする魚は，沖合を泳ぐ回遊魚ではなく岸近くに定着する磯魚です。海面には養殖施設が浮かび，複雑な海底地形がいくつもある磯では，小回りが利かない船による曳網は困難です。磯魚の稚魚を採集するためには，サンプラーの開発から始めなければなりませんでした。海底をソリのように稚魚ネットを滑らせて生物を拾い集めるメカニクスが理想です。そのソリネットを2台の水中スクーターが牽引し，ダイバーが操縦するサンプリングマシーンを開発しました（図7.1）。骨格を軽量金属パイプで仕上げ，ヒラメ幼魚の調査で使われる曳き網をモデルにしました。時速2.5 kmで50分以上の連続航行ができる優れものです。特許を取得する価値はあると思いますが，調査や研究現場で普及してほしいので，メカニクスを公開しています（Munehara *et al*., 2009）。このマシーンを使って，毎月1〜2回の調査を2年間行いました。

　深度が違う2地点（平均水深6 mと10 m）を定点に決めて，延べ37日間の

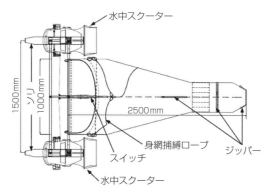

水中スクーター

1500mm
1000mm
ソリ

2500mm

身網捕縛ロープ
スイッチ
ジッパー

水中スクーター

身網捕縛ロープ
フローメーター
ダイブコンピューター
水中スクーター
水中スクーター
コンパス
ストップウォッチ　ビデオカメラ

サンプリングの動画

http://www.kaibundo.jp/
hokusui/sampler1.mp4
サンプラーの作業風景
（2.8MB）

http://www.kaibundo.jp/
hokusui/sampler2.mp4
サンプラーネット内の映像
（2.9MB）

図7.1　着底稚魚採集用に開発した水中スクーターを動力としたソリネットの図面と実写

調査で，体長 9.6mm から 276mm までの魚類，61 種 2641 個体を採集しました。内訳はセトヌメリ（771 個体），スナガレイ（451 個体），ツマグロカジカ（392 個体），アイカジカ（428 個体）が多く，この 4 種で全体の 77％ を占めました（http://www.kaibundo.jp/hokusui/isouo_2.pdf 参照）。ツマグロカジカ属の 2 種は，第 4 章でも触れましたが，春季に大量に出現します。深海種のツマグロカジカは，夏になると深みに移動するため，調査地から姿を消します。一方，セトヌメリとスナガレイは周年採集されました。セトヌメリは東シナ海から有明海や瀬戸内海にも分布する温帯性の魚ですが，調査を行った 2005 年から 2006 年においては，臼尻の砂底域では最も普通種ということになります。

これら普通種に対して個体数が少ない標本が希少種です。そのなかに，ハタタテヌメリ（8 個体），ネズミゴチ（9 個体），サンゴタツ（1 個体），アミメハギ（28 個体），アラメガレイ（10 個体）がいました。これらの 5 種は北海道の

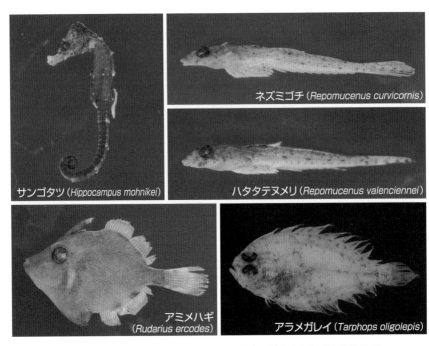

図7.2 2005年から2年間のソリネット調査で採集された臼尻初記録種。
これらの5種は分布中心が本州以南にある温帯性種。(田中ら, 2009より)

太平洋側で初めて分布が確認された「初記録種」です（図7.2）。いずれも，分布中心が北海道より南にある魚類で，太平洋側における北限記録の更新です（田中ら, 2009）。これらの魚類が採集されたのは9月から12月にかけてで，すべて稚魚または幼魚でした。臼尻では，1月になると海水温は5℃以下，0℃近くまで下がる日もあります。そのためでしょう，いずれの種も冬を乗り越えられず，春までに死滅するようです。

稚魚コレクター

　開発したマシーンにより，砂地の稚魚を捕ることに成功しました。初記録種など期待した成果も得られました。しかし，もっとたくさんの稚魚が生息しているはずの藻場と岩場では，ソリを滑らすことができませんでした。こうした複雑な地形でも，河川の魚類を採集するときに使う電気ショッカーなら，一網

図7.3　ハンドネットによる藻場の標本採集と, 海底の沈降物に紛れている
透明な体のカレイ類の稚魚 (点線で囲った部分, 撮影：佐藤長明)。

打尽に採集できます。しかし, 電気をよく通す海水中では, ダイバーが感電す
る危険があります。地味ですが, 手軽なハンドネットを使って, 1 個体ずつ採
集する作戦で, 藻場と岩場をあたりました (図 7.3)。

　稚魚は春季にたくさん出現します。この時期は, 毎日でも潜りたいところで
す。そんなとき, 水産実験所の利点が発揮されます。海の状況が良ければ, す
ぐに支度を始めて 15 分後には海中にいます。しかし, 稚魚は小さく, 体が透
けているため, 海のなかでは実に見つけづらい生き物です。また種同定するに
は, 顕微鏡を使って点描し, 隅々まで観察して, 標本の特徴を記録することが
必要になります。簡単なようですが, 魚を見る目と絵を描くセンスが不可欠で
す。そこで, 老眼とは縁遠く, スケッチに慣れている, 魚類分類学が得意な大
学院生の百田和幸さんを稚魚コレクターに任命しました。

　種同定では, 体全体の形や色彩の他, 口や眼の形や位置, あるいはヒゲや突
起など, 特徴的なパーツを手がかりにすれば, 「科」あるいは「属」くらいま
での大まかな当たりはつけられます。そこからは, 頭部や腹部に沈着している
色素の分布状態や, 鰭膜にある棘条数や鱗の列数などが, 種同定の有力な形質
になります。それらの形態情報をもとに, 文献を参照して種同定をします。こ
こで頼りなるのが, カムチャツカの稚魚の話 (第 5 章) で紹介した『日本産稚

魚図鑑 第二版』です。この図鑑には 1544 種が記録されています。日本に分布する全魚種の 30 % 程度ですが，普通種レベルの魚種はカバーされ，最も頼りになる資料です。この図鑑を参照して，698 標本を形態観察し，その 89 % の 623 標本の種同定ができました。スズメダイ，キュウセン，ホンベラ，ハオコゼ，キリンアナハゼ，オクヨウジの 6 種が臼尻初記録，後者の 4 種の出現は日本の太平洋側における北限記録の更新でした。しかし，これらの種も臼尻に定着するまでには至っていません。

旅するチャレンジャー

　さて，強力な稚魚図鑑をもってしても，75 個体は種同定できませんでした。そこで，形態的特徴から同定できなかった標本を DNA バーコーディングで調べてみることにしました。本書への登場は，カムチャッカの稚魚が先でしたが，実際には，このときが臼尻研究室での初めての試みでした。軌道に乗るまで，研究を担当した百田さんは苦労を重ねましたが，形態で識別できなかった 75 標本の *COI* 領域の塩基配列の解読に成功しました。

　そのうち 69 標本が種同定でき，37 種に分類されました。種同定されたことにより，シマゾイ，オウゴンムラソイ，キマダラヤセカジカ，ヤセカジカ，イトヒキカジカ，ヤギウオ，カンテンビクニン，ヒゲキタノトサカの 8 種について，稚魚の形態情報が初めて得られました。また，DNA バーコーディングによって，新たに，イソスズメダイ，ミナミハコフグの日本の太平洋側における北限記録の更新と，ソラスズメダイの臼尻初記録が確認されました。形態で同定できた種を含めると，なんと臼尻初記録 9 種，うち北限記録は 6 種にもなります（百田・宗原，2017b）（図 7.4）。DNA パワーはすごいですね。さらに DNA バーコーディングシステムならではの発見もありました。それは隠蔽種の検出です。

　DNA バーコーディングでは，標本の塩基配列が決定されたら，データベースから類似の登録済み配列データを拾い出し，それらを含めた系統樹を作成します。この作業は相同性検索またはホモロジー検索と呼ばれ，DDBJ（日本 DNA データバンク，https://www.ddbj.nig.ac.jp/services.html）や BOLD（Barcode of

Life Initiative，http://www.boldsystems.org/）のデータベースを使います。最近
では，JGIF（地球規模生物多様性情報機構日本ノード，https://www.gbif.jp/bol/）
というサイトもあります。このサイトでは，得られた配列データを入力すると，

図7.4　2014年より2年間，ハンドネットによる標本採集を行い，臼尻で初記録となっ
た9魚種。このうち，オクヨウジ，ホンベラ，ハオコゼ，キリンアナハゼ，ミナミハコフグ，イ
ソスズメダイの6種が日本の太平洋側における北限記録で，ソラスズメダイ，スズメダイ，
キュウセンの3種は北海道の日本海側で分布記録があった。これで臼尻の魚類相は28
目117科344種となった。（百田・宗原，2017bより）

相同性が高い順に種リストが作成され，それらの種による系統樹までワンクリックで提示してくれます。ものすごく使い勝手が良い。ただし，即答を優先したシステムなので，もととなる DDBJ や BOLD のデータベースに種内変異による複数の配列が登録されている種でも，それらを考慮せず 1 種 1 配列に絞った独自のデータベースを使っていることに注意が必要です。相同性が99 % 以下のときは，正解ではない確率が高く（Ward *et al.*, 2005），ここで話題とする隠蔽種の発見はできないかもしれません。

　さて，ミナミハコフグと断定された標本の査定の際に作成された系統樹を図7.5 に示しています。この標本（LC126405）は，日本および東シナ海で採集されたミナミハコフグが形成する 1 つのクラスターに含まれています。このクラスターの配列データは，互いに遺伝的距離が同種と判断できる範囲だったことから，LC126405 はミナミハコフグと同定されました。一方，ハコフグと姉妹種を形成している，ミナミハコフグのクラスターがもう 1 つあります。こちらの標本はマダガスカルなど西インド洋で採集されています。日本に分布するミ

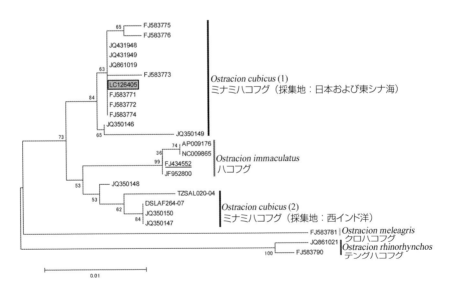

図7.5　臼尻で得られた標本（LC126405）をミナミハコフグと同定した系統樹（標本番号はジーンバンク登録番号，バーは遺伝的距離＝塩基の置換箇所数／分析した塩基数）。ハコフグのクラスターに，データバンクではミナミハコフグと査定されていた配列が 1 つある（FJ434552）。誤査定の可能性がある。（百田・宗原，2017bより）

ナミハコフグ集団と同じ種と言えないほど塩基配列に大きな違いがありました。この意味は，ミナミハコフグと判断される集団のなかに，地理的に異なる分布を持ち，遺伝的にも異なる，未記載種がいるということです。これが隠蔽種です。

　このように種同定においてエクセレントな DNA バーコーディングシステムですが，種同定できなかった標本が 6 個体いました。種査定するには，答え合わせができる参照配列が登録されていなければなりません。また，解答例となる参照配列だけでなく，採集地に出現する可能性のある近縁な全種の配列情報が必要です。1 種でも欠けていたら，断定できません。さらに，「ナメダンゴの分子時計」（第 5 章）で検討したように，変異速度が遅い系統もあり，種を識別できる違いが *COI* に表れない場合もあります。そのような場合，比較できた種とたまたま一致しただけという，誤査定の可能性があります。

　このような理由で，6 標本のうち 1 個体はオキカジカ属の一種，残る 5 標本はサラサガジ属の一種というところまでしか現状ではわかりません。とくに，サラサガジ属の標本は厄介です。採集地に生息する種の配列情報はそろっていたのですが，同種とみなせないほど遺伝的な違いを含んでいました。これは初記録種か新種の可能性を示していますが，図 7.5 の標本（FJ434552）のように配列を登録した人が誤査定したのかも知れません。

　最終的に，698 標本から，2 未同定種を含む 9 目 33 科 91 種を確認できました。DNA バーコーディングシステムは，参照配列がそろっている場合になりますが，種同定の作業を省力化します。そのため，胃内容物の解析や環境中の生物の痕跡を遺伝子でトレースする研究でも使われはじめています。また食品偽装の摘発など，研究現場を飛び出して活躍する場面もあります。配列データベースの充実が望まれますが，正確な種同定には形態情報の裏付けが必要なので，分類学の重要度も増しています。

　ハンドネットで 1 個体ずつ採集するなんて，地味な方法の極みでしたが，成果は斬新でした。新たに見つかった 9 種は，いずれも分布中心を本州以南に持つ温帯種です。新しい植民地を探しているチャレンジャーということです。しかし，このなかに冬を乗り越えて寒流が流れる臼尻で春を迎えた個体をまだ見ていません（図 7.6）。海流は，海の生き物にとって越え難い高い障壁になっています。

図7.6 温帯性魚類の漂着。年による変動はあるが,9月〜10月にかけて,群れているキュウセン（上）,ホンベラ（下左）,スズメダイ（下右）の稚魚をよく見る。しかし,11月中旬からベロやジンドウイカに捕食されるのが頻繁に目撃されるようになり,水温はこれらの魚種が死ぬほどまだ冷たくないが,12月になるといなくなる。

進行形のサクセスストーリー

　東シナ海にまで分布する温帯種のなかに,かなり前から臼尻で生息が確認されている,セトヌメリという魚がいます。先に紹介したネズミゴチ,ハタタテヌメリなど,臼尻の新参者と同じネズッポ科です。稚魚サンプラーでは大量に採集されましたし,操作中に,冬を越して成長を続けて秋まで生息することを観察していました。文献を調べると,ネズッポ科のトビヌメリは,夕方の日没近い時間帯に産卵する,とありました。一方,セトヌメリの繁殖行動に関する

論文がないことも確認しました。

　2008 年当時の臼尻水産実験所には，安房田智司さん，阿部拓三さん，木村幹子さんが，日本学術振興会の特別研究員あるいは博士課程の大学院生として所属していました。さらに，世界最小の頭足類ヒメイカを研究していた佐藤成祥さんと，着底稚魚の海底基質選択性を修士論文のテーマにしていた坂井慶多さんも在籍していました。ヒメイカも温帯性で，北海道に漂着する生物です。寿命が 100 日あまりなので，春から冬まで数代の世代交代を重ねながら個体群を拡大していきます（Sato & Munehara, 2008; Sato *et al.*, 2009, 2013）。しかし，厳しい冬の年には全滅し，再び南からの漂着を待って，ゼロからリスタートになります。これから始める魚類チームの研究は，ヒメイカにしか興味がなかった佐藤成祥さんにとっても面白いはずです。それに，みんな水中作業が大好きで，臼尻水産実験所に集った若者たちです。そこで，その頃，某放送局がゴールデンタイムに映していた人気番組にあやかって，「プロジェクト U」として，セトヌメリの繁殖行動の海中観察をみんなでやろうと提案しました。それぞれ自分の本業の研究があったので，交代でプロジェクトにあたりました。

　夕暮れの海に潜る直前，エントリーポイントでは，居残りメンバーがその日のダイバーのために必ず唱う歌がありました。中島みゆきの「地上の星」です。一部替え歌になっています。

　　　　　風の中のすばる〜　砂の中のヌメリ〜
　　　　　今日も誰かがも〜ぐる　いってらっしゃい〜 ・・・

　最初の数日は，産卵の前触れさえ観察できませんでした。真っ暗な海から戻るダイバーが，非番のメンバーに小さく首を振り，残念な結果を伝える無言の儀式が続きました（図 7.7）。計画の成功を疑うメンバーも現れ，誰もがプロジェクト U の水中分解が近いことを覚悟しました。

　しかし，水温が 19℃ を超えたある日，予兆もなく突然，ラブストーリーは始まりました。

　トワイライトの残照が，雌とその雌を追尾する雄の影を砂底に映します。闇が迫り，時間の経過とともに映し出される影は薄くなり輪郭がぼんやりとしてきます。しかし，セトヌメリたちの動きは，しだいに活発になりました。海底

図7.7　プロジェクトUの活動。(a) 日没と同時に観察に出発。(b) 強力ライトで海底の道 (ロープ) を照らし, 観察地から戻る。(c)「今日も産卵なし」。がっくりするダイバーには, 徒労がタンクより重い。

図7.8　産卵時間が近づき, ざわつき始めたセトヌメリたち (左) と, 産卵を始めたセトヌメリのペア (右)。右の大きい個体が雄, 左が雌。

のあちらこちらで, 忍者のように砂底を擦り走りするセトヌメリたち。何かが起こりそうな, ただならぬ雰囲気が, 生き物を見慣れたダイバーにはわかります。海中ライトを点灯し, ビデオカメラもスタンバイ。すると, 夕暮れの名残さえ消えかかった海中を一組のカップルが砂底からゆっくりと上昇しました (図7.8 右)。1 m くらい昇ったところで, 雄の腹鰭に乗せられた雌が半透明の粒々を生殖口から, 少し遅れて白い煙を吹き出すように精液が雄の生殖口から放た

れるのが観察されました。数秒間続いた産卵が終わると，夢から覚めたように突然，雌が雄から離れて砂底へ急降下し，一拍遅れて雄も砂底へ戻りました。セトヌメリの産卵行動を世界で初めて目撃したダイバーも夢見から戻りました。

　その後の数日間は，漆黒の闇に包まれるまでのわずかな時間に，いくつものペアが次々に産卵するのが観察されました。観察の結果はすぐに論文にまとめられ（Awata *et al.*, 2010），動画もインターネットにアップしました。

求愛行動
http://www.momo-p.com/
index.php?movieid=
momo100213co01a
&embed=on

産卵行動
http://www.kaibundo.jp/
hokusui/seto.mp4
(4.2MB)

　「こうして北海道での繁殖が確認された最初の温帯魚セトヌメリは，臼尻に定着し，やがて個体群として本州から分離し，寒流域に適応した最初のネズッポ科魚類になる」。この側所的種分化の最初の1ページを，21世紀に生きる私たちが見届けたんだと思っていました。しかし，産卵行動を観察できたのは2008年とその翌年まででした。2010年以降，夏にセトヌメリの成魚を見ることはなくなりました。

　思い返してみると，産卵が観察されていた年も，東京湾などで産卵するトビヌメリと比較して，産卵は短い期間に限られていました。辛うじて繁殖に適した季節と個体数が，産卵の条件をクリアしていただけでした。北海道で新たな個体群をつくり出せるほど，たくさんの卵を産んではいなかったのでしょう。

　21世紀最初のセトヌメリのチャレンジは失敗に終わりました。振り出しからのリスタートになります。しかし，南方からのわずかな漂着は毎年秋に観察されています。植民地に適応した個体が現れ，そこで仲間を増やせるようになるまで，セトヌメリもヒメイカもチャレンジを続けるでしょう。彼らのサクセスストーリーは進行形です。

　プロジェクトUのエンディングの歌は「ヘッドライト・テールライト」です。

　　　　　語り継ぐ　人もなく　吹きすさぶ　海の中へ
　　　　　まぎれ散らばる　卵の主は　ヌメリ　ヌメリ
　　　　　ヘッドライト　テールライト　挑戦はまだ終わらない…

第8章 日本列島，島めぐりの旅
——カジカを求めてどこまでも

浅海域で見つかる新種の小型カジカたち

　北日本の海は，起源地の北米側を超える固有属・固有種を生みだし，種数ランキングではトップにカジカ科が君臨するカジカ帝国です。しかも，その数は近年も増え続け，帝国の権威は高まる一方です。これには人間社会の変化が関係しています。寒冷域のダイビングツールとダイビングスタイルの進化です。ドライスーツ（服を着たまま体を濡らさず潜れる潜水服）は断熱効果が高く簡単に脱着できるように改善され，冷えの原因となる汗を逃がすインナースーツや充電式カイロを備えたジャケットも開発されています。真冬は陸の上よりも海のなかにいるほうが暖かく感じるほどです。水中撮影に特化したカメラ機材の進歩も劇的です。その結果，フィッシュウオッチングという新しいジャンルの海の楽しみかたが北海道でも定着しました。この大人のマリンスポーツを流行させたのが，寒流の生き物たちを美しく撮って見せる水中カメラマンやダイビングガイドです。そして新種のカジカたちの発見という功績も寒流ダイバーのお手柄です。

　2006 年にコオリカジカ属ラウスカジカが新種として記載されました（Tsuruoka *et al.*, 2006）。その数年前，知床半島の羅臼町でダイビングショップを営むプロカメラマンの関勝則さんから，図鑑に出ていないカジカを発見したとの一報を受け，その写真を送っていただきました。雄の第1背鰭の各棘上の皮膚が伸長し，体色は赤や黄色の斑紋があり，とても美しいカジカでした（図8.1）。一目で新種とわかり，すぐに採集調査に向かいました。

　日本は水産業が盛んで，魚のいる海では，全国津々浦々まで漁業活動が行われてきました。しかし，海女さん文化も育たず，船に頼る方法しかなかった寒

冷地の海では，岩壁の割れ目や岩の下などわずかな隙間で暮らす魚類は，誰も見たことがない世界で暮らす生き物たちでした。ビッグプロジェクトで研究が進められる超深海にも負けない未知の世界が，眼下の波打ち際に広がっているのです。私たちが海外の北太平洋沿岸を潜って標本採集する意義もここにあります。知床へ駆けつけて

図8.1　ラウスカジカ (*Icelus sekii*)。学名は発見者である関さんにちなんで命名された。(撮影：関勝則)

潜ってみると，このカジカの生息地も，水深 15 m〜30 m の岩壁の割れ目や，オーバーハングしている岩の下面でした。やはり漁場になることがなかった場所でした。

　ラウスカジカは，関勝則さんのような生物について深い関心を持つダイビングガイドが気づかなければ，知床では今でも発見されていなかったでしょう。ただし，ほかの場所で見つかっていたかも知れません。というのは，ラウスカジカはその後，臼尻でも見つかりました。それは，ラウスカジカが見つけられた生息地と同じような岩場を丹念に調べたからです。同じように，臼尻で最初に確認されたウスジリカジカは，その後，羅臼で見つかり，本書の写真協力者である佐藤長明さんが宮城県の南三陸町でも見つけました。ひとたび生息する場所の特徴が特定されると，眼と勘の良い経験値が高いダイバーにとっては，難なくお目当ての生物の隠れ家を探し当てることができるのです。

　ウスジリカジカは，ラウスカジカを新種記載した，当時魚類分類学研究室の大学院生だった鶴岡理さんによって詳細に形態観察されました。そして 1906 年に *Stelgistrum mororane* と記載されていたカジカと同種であることを調べ上げました。新種ではありませんでしたが，なんと 103 年ぶりの再発見でした（Tsuruoka *et al.*, 2009）。発表する際に，属の帰属をただし，標準和名が付けられていなかったので，ウスジリカジカ（*Icelus mororanis*）と命名されました（図 8.2）。

　ウスジリカジカは，ラウスカジカと同様に，北海道と東北地方の太平洋とオホーツク海側の同じような浅海の岩場に分布しています。しかし，ウスジリカジカが好む場所は，ラウスカジカと異なり，岩の壁面ではなく，海底に近い岩

の下の隙間です。生息場所のわずかな違いで棲み分けています。体長は，ラウスカジカの雄が最大で8 cm，雌は5 cm，ウスジリカジカは雄も雌も4 cm程度で，いずれも小型種です。この2種の他にも，2001年にキマダラヤセカジカ（*Radulinopsis taranetzi*）が，2008年にはシシカジカ（*Astrocottus*

図8.2 ウスジリカジカ（*Icelus mororanis*）の雄。再発見で属名が変更したことなど，複雑な分類学的措置を経て，ウスジリカジカと命名された。

regulus）が，それぞれ新種記載されました（Yabe & Maruyama, 2001; Tsuruoka *et al.*, 2008）。またカジカ以外にも，ゲンゲ科魚類の新種や初記録の報告があります。寒流域は未知の世界なのです。

　ラウスカジカとウスジリカジカの話には，まだ続きがあります。この2種はともにコオリカジカ属（*Icelus*）です。いかにも寒いところにいるぞという名前ですね。形態や斑紋が似ており，とくに雌は，背中に掛かる暗色のバンドの数以外の形質は類似し，識別が難しい。一方，雄は簡単です。なぜなら，ラウスカジカの雄は体長の割には長い生殖突起を持っているのに対し，ウスジリカジカにはそれがないからです（図8.3）。その違いは，繁殖行動の観察ではっきりしました。ウスジリカジカは非交尾–雄卵保護型で，ラウスカジカは交尾–雄

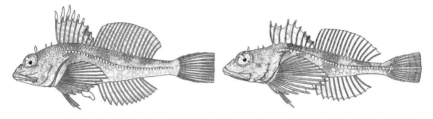

図8.3 ラウスカジカ（左）とウスジリカジカ（右）のスケッチ（どちらも鶴岡理さんが点描）。形態が非常に似ている2種だが，背部の鞍掛模様の数で識別できる。ラウスカジカ5本，ウスジリカジカ4本。（Tsuruoka *et al.*, 2006; 2009より）

卵保護型だったのです。カジカ類における交尾多系統進化説の実例がここでも見つかりました。

温帯性カジカを探して島めぐり

　知床半島や三陸海岸の遠征であげた成果に気を良くしました。気がつくと，1992 年に始まった臼尻水産実験所での教員生活も 20 年近く経っていました。その頃になると，博士号を取得した卒業生が，日本の至る所の大学や研究所，自治体などに職を得て活躍していました。なぜか，卒業生は離島へ行く傾向がありました。江戸時代でなくとも，離島暮らしを始めたばかりは，寂しがっているに違いないと，卒業生への激励を口実に，「日本列島，島めぐり」の企画を立ち上げました。もちろん，単なる同窓会ではありません。カジカ研究ファーストの学術調査の旅です。

　日本周辺の固有属・種に，ニジカジカグループと呼んでいる一団がいます。北海道の普通種であるニジカジカとベロ属のほかに，アナハゼ属，イダテンカジカ属，スイ属など温帯域に適応したカジカ類もいます（図 8.4）。これまでの研究で，このグループは交尾種という共通点を持ち，形態でも分子でも一団をなす単系統群で，この系統内のどこかで雄保護から卵寄託への繁殖様式の進化が少なくとも一度起きたことを明らかにしてきました。系統的にも近縁な魚種間で繁殖様式を比較できることは，進化の道筋を組み立てる際に欠落する部分（ミッシングリンク）が少ないという大きな利点があり，真相により近づくことができます。そこで，ニジカジカグループの詳細な系統関係と繁殖様式が未詳な種については，その手がかりを得るために，グループ全種の遺伝子と成熟個体の生殖生理学的試料の収集に乗り出すことにしました。全国に散らばるいくつものメンバーに，その年々に在籍していた大学院生も加えて，本州の離島へと旅立ちました。

　最初の島めぐりは，「佐渡ーへー 佐渡ーへーとー 草木もーなーびーくよ」とばかりに，佐渡島へなびきました（図 8.5 (a)）。ここには，アラスカ調査に参加し，プロジェクト U でも活躍した安房田智司さんがいる新潟大学佐渡臨海実験所があります。2011 年は着任した直後でしたが，近場の海はすでにホー

110

図8.4 ニジカジカグループの仲間たち。(a) ベロ (*Bero elegans*)、(b) キヌカジカ (*Furcina osimae*)、(c) アサヒアナハゼ (*Pseudoblennius cottoides*) の雄 (ニジカジカグループはすべて交尾種で、雄は大きな生殖突起を持っている。挿入写真：ホヤに産みつけられたアサヒアナハゼの発眼した卵塊)、(d) アナハゼ (*P. percoides*) の雌、(e) オビアナハゼ (*P. zonostigma*) の雄 (雄の第1背鰭の前方の棘条数本が伸長している)、(f) ヒメスイ (*Vellitor minutus*) の雄。((a)(b)(c)(d)(f) 撮影：佐藤長明)

ムグラウンドになっていました。

　佐渡での調査では，15リットル樽詰の蔵出しボージョレヌーボーのあまりの美味しさに痛飲してしまったことと，風邪をこじらせ水中マスクのなかに噴き出した鼻血で目の前が赤緑色になったことが記憶に残っています。さほど戦力にはなれませんでしたが，メンバー全員で，臼尻には生息しない，キヌカジカ，サラサカジカ (*F. ishikawae*)，アサヒアナハゼ，アナハゼ，アヤアナハゼ (*P.*

marmoratus)，オビアナハゼ，スイ（*V. centropomus*），キリンアナハゼ（後に稚魚が臼尻でも見つかる）（第 7 章参照）など 8 種のニジカジカグループの魚類を採集しました。いずれも産卵期前で，精子や卵巣の構造を観察するには都合の良い標本でした。

　その翌年は，アイナメ属の野外雑種が半クローンであることを発見した木村幹子さんが，当時，町おこし協力隊員として活躍していた対馬へ行きました（図 8.5 (b)）。彼女はこの 3 年後にツーリズムの法人組織を立ち上げ，いまでは対馬の観光産業のキーパーソンになっています。地元の漁師さんとの結婚式で，対馬市長が主賓として，木村さんの活躍ぶりを絶賛していたことを思い出します。また，当時，長崎大学で日本学術振興会の特別研究員を務めていた，ヒメイカ研究の佐藤成祥さんもカジカ調査チームに合流しました。忘れ物が多く手のかかるやつでしたが，独り立ちまであと一歩のところまできていました。

　島めぐりの調査は，あまりにも楽しく，日本全体の集団構造を調べるには全国各地から標本を集める必要があることを口実に続けました。翌年は三重大学水産実験所がある座賀島に，その翌年は佐藤成祥さんの長崎での結婚式へ行く途中，島根県の隠岐の島に（図 8.5 (c)），カジカ調査チームのいつものメンバーを中心に集まりました。その合間に，離島ではありませんが，下北半島へも通いました。ここは北海道から近いので，季節を変えて数回遠征し，山崎彩さん

図8.5　島めぐりの写真。(a) 佐渡島では地曳き網もやった。毒針を持つアカエイが浅いところでもたくさん捕れて危ない思いをした。(b) 対馬で初めて経験するサンゴ礁域でのカジカ調査。(c) 隠岐の島のガラモ場。北海道だとシワイカナゴかチカが泳ぐところを，ハゼの仲間，チャガラの稚魚が群れていた。

が魚類相リストの論文を書き上げました（山崎ら，2015）。どの島でも，ニジカ
ジカグループに関しては，先の8種にヒメスイを加えた9種のうち5～8種を
採集できました。

ミッシングリンクをつなぐ旅

　日本海，太平洋，さまざまな島を潜り，潮だまりも散々洗いました。これだ
け巡っても採集できないカジカが，何種かいました。深いところにいる種やタ
イプ標本しか見つかっていない希な種については，幸運を待つ以外にないよう
に思いました。しかし，古屋康則さんを中心に進めていた系統関係と生殖器官
の適応様式の研究の上では，どうしても外せない普通種のカジカがいました。

　カジカ類の繁殖様式は，非交尾-雄保護から交尾-雄保護が進化し，その後に
交尾-卵隠蔽が進化したと考えています。その理屈は，雄の精子競争が激しく
なれば，保護卵との血縁関係がなくなるので，卵保護をしなくなる。そうなる
と，精子を受けとっている雌は，卵保護を放棄するかも知れない雄に卵を預け
るよりも，もっと安全な産卵場所を探す方向に淘汰圧が加わる。その状況で，
卵を隠すのに適した場所が見つかれば，たとえばホヤやカイメンなど生き物の
なかに産卵するほうが適応的だ，という考えです（図3.3参照）。イダテンカ
ジカ属は系統的にも雄保護型のニジカジカと卵隠蔽型のアサヒアナハゼなどア
ナハゼ属との間隙に位置し，まさにミッシングリンクをつなぐ魚種です。どち
らの繁殖様式なのか，成熟した生殖器官はどのタイプか，これらを明らかにし
たかったのです。

　Google Earthから御託宣を受けたが如く，茨城県のひたちなか海岸が怪しい
と古屋康則さんが言い出しました。古屋さんが自ら先発隊として，春に現地の
様子を探りに行きました。すると潮だまりでその年の冬に産まれたとみられる
稚魚の採集に大成功しました。ドンピシャでした。そこで繁殖個体を採集する
計画を立てることにしました。しかし調査を実行するのに1つ問題がありまし
た。繁殖期は冬です。しかも潮だまりを調査できる大潮の干潮は，春と違って
冬は夜になります（図8.6）。水中ライトの周辺しか視野に入りません。アワビ
や伊勢エビの密猟者と間違われる心配もありました。苦戦を覚悟して現地へ向

かいました。

　採集成績は，中型のイダテンカジカがそれなりの数，というものでした。早速解剖してみましたが，悔しいことに未熟な個体ばかりでした。しかし繁殖期は間違っていません。おそらく成熟個体は別な場所へ移動して繁殖しているのでしょう。平磯の沖側があやしいと一同の意見は一致しました。ですが，その

図8.6　ひたちなか海岸におけるシュノーケリングによる夜間調査。真っ暗で，ライトの周辺しか見えない。

場所はその日も翌日も波当たりが激しく，かなりの確率で岩場にたたきつけられるか，離岸流に引き込まれて夜の房総沖へ流される危険がありました。翌年も行きましたが，前年と同じ。太平洋を横断して打ち寄せるうねりは，年中無休なのかも知れません。もう少し難易度の低い場所を探す必要がありそうです。

　日本カジカ調査チームの最新成果は，安房田さんがまとめたヒメスイを除く 8 種の卵寄託種のホスト生物を明らかにした研究です（Awata *et al*., 2019）。DNA バーコーディングによるホスト生物に産みつけた卵の種同定と，各種の産卵管の長さを調べました。その結果，体腔の奥行きが深いホヤに産卵する種の産卵管が長く，奥行きが浅いカイメンに産卵する種は短いという相関を見いだしました。カジカの産卵管の長さが，ホスト生物の特徴に適応しているのです（図 8.7）。こうした卵寄託する種は，日本周辺に普通に見られますが，リマン寒流が優勢な対岸のロシア側にはほとんど分布しません。日本海のなかでも，日本側のほうが暖流の影響が強く，日本周辺が温帯性カジカ類の進化の温床になったのだと思います。しかし日本に限れば，卵寄託するカジカたちは日本海側にも太平洋側にも同じように生息しています。ならば，暖流の影響がより強い太平洋側こそ温帯性カジカ類の故郷だったのではないかという疑念もわきますが，それについてはまだわかっていません。

　日本周辺ではもう 1 つ，世界でここだけというカジカ類の進化を見ることが

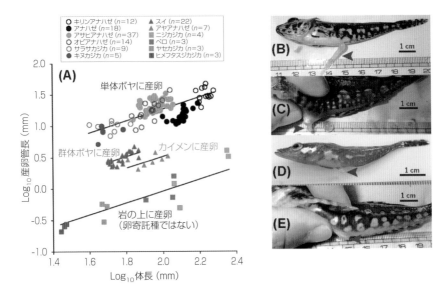

図8.7 卵寄託するカジカ類の体長と産卵管長の関係（*n*は個体数）。写真は上から，単体ボヤに産卵するアサヒアナハゼ，カイメンに産卵するアヤアナハゼ，群体ボヤに産卵するスイ，岩の上に産卵するニジカジカ。矢印は産卵管の位置を示す。（プレスリリースhttps://www.hokudai.ac.jp/news/190418_pr2.pdf, Awata *et al.*, 2019より）

できます。交尾-雌卵保護の繁殖様式です。交尾-雄卵保護から進化した繁殖様式は，卵隠蔽や卵寄託だけでなく，雌親が卵保護する様式へのルートもあります（図3.3参照）。この繁殖様式のカジカは，砂のなかに埋もれている貝殻などに卵を産みつけます。砂のなかでは，発生が進むと胚は窒息するので，酸素をたっぷり含んだ海水が必要になります。そのため雌親は口を卵塊にあてがい海水を吹き込みます。そして胚の発生が進むにつれて，この行動の頻度が増し，孵化直前ではほとんどの時間が費やされることを観察しました（Abe & Munehara, 2005）。換水効率のアップが必要です。よく見ると繁殖期の雌の上唇の皮膚が伸長し，大きな団扇のようになっています（図8.8）。一度に多くの海水を吹き込めるように形態変化しているのです。交尾-雌卵保護型のカジカは，日本と沿海州にも分布するヤセカジカ属とホホウロコカジカ属だけです。いずれも卵保護中の雌親の顔には，同じようなメイクアップが施されています。胚への酸素供給効率を高めるという難題は，エステティックの必要があるほど強い淘汰圧だったということでしょう。こうしてみると，日本の磯は種的

多様性とともに，生態の多様化も生み出すカジカたちの楽園であることが理解できますね。

交尾–雌卵保護型カジカの研究で博士号を取得した阿部拓三さんは，その後，北大練習船の士官になりました。海面で日光浴するマンボウとアホウドリの相利関係など，外洋航海においても興味深い研究成果を発表しました（Abe *et al.*, 2012）。船乗りとして研究者として，大きな

図 8.8　卵保護期のキマダラヤセカジカ雌の上唇皮膚の伸長（点線で囲った部分）。吸盤状となって卵塊に効率よく海水を送ることができる（Abe & Munehara, 2005 より）。

フィールドで大学生に海の科学を伝授する仕事は，はまり役だと思っていました。しかし勤めて 3 年目に東日本大震災が発生しました。引き留めましたが，復興のために働きたいと 2015 年に北大教員を辞して，故郷の仙台市に近い海の町へ移りました。対馬で NPO を立ち上げた木村幹子さんもそうですが，既存の価値観にとらわれず己の進む道を見つけ出す，社会のミッシングリンクをつなげる役割が性に合うようです。こうした人生の達人たちを大学の地方施設から輩出できたことをとても誇りに思います（図 8.9）。科学的な問題解決方法をしっかりと身につけた人は，とにかく強い。

旧実験管理棟
（1970〜2019年）

新実験管理棟
（2019年〜）

宿泊棟
（1970年〜）

ダイビングスロープ

図 8.9　北海道大学臼尻水産実験所の全景。1970 年に設立され，2019 年に新しい実験管理棟が建設された。函館キャンパスから車で 1 時間と近く，常駐して研究する大学院生のほかに水産学部の実習や大学院の調査・研究などで年間延べ 3500〜4500 人が利用する。

第9章　いまを旅する磯魚たち

磯焼けに追われる磯魚

　臼尻水産実験所がある函館市南かやべ地区は，マコンブの産地です。良質な昆布が持つ旨味は，北前船が盛んだった江戸時代から令和になったいまも，和食文化の控えめな主役です。それが，平成の終わり頃から，海中林あるいは海藻の森とも評される海中景観（図 9.1）が見られなくな

図9.1　磯焼け以前は普通に見られたマコンブ群落

りました。磯焼けです。夏の風物詩だった家族総出の天然昆布漁も，近年はひと夏たったの1日で終漁です。

　海藻の消長は藻場に頼っていた生物たちにも致命的な影響を及ぼします。それは海藻が生態系の基礎生産を支える生物要素というよりも，磯の物理的環境を支配する存在だからです。魚類では，シワイカナゴ（*Hypoptychus dybowskii*）の激減ぶりが以前の様子を知っている人には信じられない惨状を呈しています。アカモクというホンダワラ類の海藻に産卵し，生涯にわたって藻場で生きる，この魚は博士論文や修士論文の研究テーマとして花形でした（図9.2）。トゲウオ亜目に属し，最近の系統分類学の成果によれば，カジカ類とも近縁で（Shinohara & Imamura, 2007），環北太平洋要素種群に含められます。また，この仲間には，行動学や進化学，最近では分子生物学など先駆的な魚類研究でつ

図9.2　シワイカナゴの生態写真。左：藻場を群泳するシワイカナゴと，アカモクに産みつけられた卵塊。右：背鰭と臀鰭が黒く婚姻色を呈した雄の雌への求愛（Molecular Ecology Notes 2, 2002の表紙を飾った写真，撮影：阿部拓三）。

ねにモデル生物として使われてきた，淡水魚のイトヨがいます。シワイカナゴの研究を始めてから国内外の研究者に何度も標本を採集して送ったことが，懐かしい思い出になってしまいました。食卓に上る魚ではありませんが，さまざまな魚類研究において比較材料として欠かせないので，魚類学にとってもたいへんな痛手です。

実験所では，年間を通じてさまざまな臨海実習を行います。冬はホテイウオですが（図9.3），夏の実習ではイソバテングが重宝します。このカジカは，稚魚期を藻場で過ごし，成魚になってからも藻場の基盤をなす岩場の奥に潜んでいます。第2章のケムシカジカや第8章で紹介した温帯性カジカ類にもいましたが，交尾−卵寄託という繁殖生態を持っていて，イソバテングはカイメンに産卵します（図9.4）。卵のなかでゆっくりと発生を進め，孵化まで10か月もかけるというめずらしい魚です（Munehara, 1991）。実習では，シュノーケリングをして，卵が隠されているミケーレネンチャクカイメンを探します。見つけたらカイメンの一部を実験室に持ち帰り，なかから卵を取り出して顕微鏡で観察します。卵膜が透けているため，心臓の鼓動や卵黄上を走る血管のなかまで観察することができます（図9.4）。眼にも止まらぬ速さで流れる赤い粒子が，別の血管では時々動きを止めながらリズミカルに進みます。こうした赤血球の動きは，膜に閉じ込められている卵が生命を持っている存在であることを

118

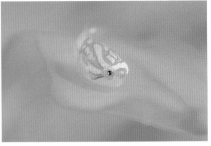

図9.3　繁殖のために浅瀬にやって来た卵保護中のホテイウオ雄（左）と
体長5mmの孵化して間もない稚魚（右）。（撮影：佐藤長明）

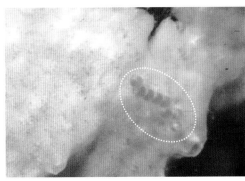

図9.4　カイメンに産みつけられた直後のイソバテングの卵塊（点線で囲った部分）と
発生が進んだ卵。カイメン組織の奥に産みつけられる。この写真のように外から見える
卵塊は滅多にない。卵黄の表面に血管が走り、そのなかの赤血球の流動も観察できる。

伝えます。このように海中では生物種間のつながりを，実験室では生命活動
を，生態学と発生学を同時に体感できる，とても優れた実験材料です。しか
し，藻場が減少したため，イソバテングの個体群は小さくなり，材料の調達が
年々難しくなってきました。

　また，毎年5月頃になると，フサカジカやギスカジカなど冬に生まれたカジ
カたちが，最初に着底する海藻群落を目指して，波打ち際に体がまだ半透明な
稚魚として出現します（図9.5）。群れの大きさは，磯の豊かさを映しだす鏡で
す。貧弱な海藻群落の海にはほとんど現れなくなりました。どこか代わりにな
る良い場所を見つけているといいのですが，私はまだ見ていません。

　磯焼けは，これまでも数十年周期で起きてきたようです。海藻の成育に必要

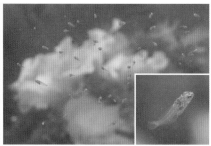

図9.5　フサカジカ（*Porocottus allisi*）の成魚（左）（撮影：佐藤長明）と，波打ち際の黄色のギンナンソウを背景に群泳する稚魚（右）。本種は第1背鰭の棘条先端部にフサがあるのが特徴。右下は稚魚の拡大写真。

な栄養分を供給できない黒潮の蛇行が原因であれば，流路が元に戻り，数年後には自然の回復力で海中林を取り戻すことができるでしょう。しかし，道南の太平洋岸に広がる磯焼けは，村の古老に尋ねると，経験したことも聞いたこともない規模だという返答です。沖で行うコンブ養殖は好調で，不良なのは天然昆布をはじめとする磯の海藻類だけ。記録にも記憶にもない磯焼けの原因は，誰もまだわかっていません。「マコンブの郷」は，北海道までグレートジャーニーしてきたカジカたちにとっても故郷になりました。地元民にも海の生き物にも海中林は必要不可欠です。まだ成果は目に見えていませんが，海藻の生育に必要な施肥をするなど，回復の手助けを始めたところです。

人工礁に集まる磯魚

　減少した生物の一方で，増えてきた魚もいます。カラス，タヌキ，ドブネズミ，スズメなど，日本における身近な野生生物は，人間の生活環境を巧みに利用するようになった生き物であることはよく知られています。海でも，同じことが起きています。人工礁など，改変された環境にフィットした魚たちです。その代表格がアイナメです。

　臼尻漁港の堤防は，2002年までに行われた大規模な改修工事で，冬季の猛烈な風雪にも耐えられる頑丈な構造になりました。そのときの工事で，堤防の前半部分に二階建て防波風雪ドームが築かれました。海面上に見える堤防は氷山

の一角で，海面下から海底までがっちりとした構造体となっています。その構造体の沖側は，海底から積み上げられた消波ブロックで守られています。その消波ブロックと構造体は，年月とともに海底へ沈んでいくようだと防波効果がしだいに弱体化するので，それらを海底上に浮かばせておくために，特殊な基礎工事が施されます。臼尻漁港の工事では，堤防の外側の基礎部分に砕石を詰めた網袋が敷設されました。直径 4 m ほどの網袋が 2 層ないし 3 層に積み重ねられて，長さ 140 m，幅 10 m の網袋エリアが出現しました。石を詰める網

図9.6　網袋帯で繁殖するアイナメと結び目に産みつけられた卵塊（右下）。数えてみると14卵塊あった。

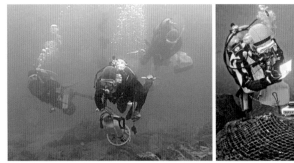

図9.7　アイナメの生態調査。エントリーポイントから300mくらい離れているので，水中スクーターで調査地に向かう（左）。アイナメのなわばり雄は性格に個性があり，攻撃してくる個体，岩の下に逃げる個体などさまざま。写真の個体は，卵塊のそばでこちらの動きを監視していた。

の素材には，ふつうは鋼材が使われるように思いますが，臼尻漁港では太い化学繊維で編まれた網でした。その網袋エリアに，年々多くのアイナメが繁殖期に集合するようになりました（図 9.6）。そこで，この集合状況に興味を持ち，2010 年から毎年，産卵開始から卵保護終了まで，その年度に所属する学生や大学院生たちと一緒に潜水調査を続けることにしました（図 9.7）。

　いろいろ知りたいことがありましたが，なぜ網袋エリアに集まるのかが，まず解決したい課題でした。なわばり密度を調査エリア外と比べると，エリア内は 15 倍以上もありました。化学繊維の網袋と鋼材のカゴとの違いは，網袋では石を入れたあと，袋の口を結ぶので，“結び目”が 1 つ必ずできることです。産みつけられた卵塊を調べると，産卵基質として，その網袋の結び目を好んで使い，そこに産みつけられた卵塊はしっかりと固着していることが見て取れました。以前のビデオ観察で，孵化前に産卵基質から脱落した卵塊は，雄親が保護できなくなり，他の生き物に食べられてしまうことを見ています（Munehara & Miura, 1995）。網地でつくられた結び目の複雑な三次元構造がアイナメに好まれているのでしょう。集まってくる個体数は年々増加傾向にあり，140 m の区間に 50 個体，これまで最多の年で 70 個体のなわばり雄が繁殖に集まっています。雌を含めると，その倍以上のアイナメがこの狭い場所に集結しています。吻端から尾鰭の端までの長さが 50 cm を超えるなわばり雄が，黄金の婚姻色をまとって，それぞれの居場所で身構えています。そんなアイナメを 3 〜 4 m 間隔で見られるのは，ここにしかない贅沢な景色です。

　アイナメは水産資源としての価値も高く，増えてほしい魚種です。現在の分布中心は本州にあり，太平洋側ではえりも岬，日本海側では宗谷岬が北限ですが，数年前から知床半島でもなわばり雄をダイバーが観察しています。地球温暖化の進行とともに，北海道全域がアイナメにとって適した環境となるかもしれません。北海道では，漁村が寂れ，老朽化が進んで再生工事や機能転換が必要な漁港が出てきました。補修工事をする際には，結び目のある化学繊維の網を使うべきです。

　このように港は人間にとって陸から海へのアクセスポイントなので，周辺が人工的に改変されるのはやむをえないことだと思います。また，多様な地形を狭い範囲で調査できることもあり，“日本列島，島めぐりの旅”ではさまざまな

122

地域の港外を潜ってきました。そうした体験から思うことは，港は科学技術の粋を集めた船を浮かばせていますが，海面下には人の後ろ暗い行いが淀んでいる場所だということです。どこの港町も産業廃棄物などの不法投棄が多く，絶望的な気分になります。買い物袋やコンビニ弁当の容器，ロープや釣り糸，漁具，自転車，長靴やゴム手袋，それに自動車のタイヤやバッテリーなどが至る所に沈んでいます。とくに投棄や遺棄された刺し網や籠などの漁具は大きな問題です。"生き物の無駄死に"が連鎖するゴーストフィッシングの原因になるからです（図 9.8）。漁具を規則に従って廃棄するには，網やロープと重りの金属を分別したうえで処理代も掛かります。こうした手間とコストを嫌って，こっそりと捨てるのだと思いますが，やめてほしい。

図 9.8　ゴーストフィッシング。遺棄された刺し網には魚が掛かり，掛かった魚を食べに近づく魚も掛かるという連鎖が，網が汚れて魚が掛からなくなるまで数年間続く。誰も知らない間にひっそりと魚が消えていく。ゴーストフィッシングは生き物にとって最大の脅威であり，水産物に食糧資源を頼る日本人にとって，虚しい無駄死にだ。

　2019 年に漁業法が 70 年ぶりに改正されました。現在，前浜の資源を管理するのは当該地区の漁業組合ですが，海を管理できない漁業組合には漁業権が認められなくなります。海と海の資源は，生態系サービスの根幹をなし，一般市民も享受する権利があります。同時に，共有財産として子々孫々まで残していく責任もあります。昭和から平成にかけて，護岸工事など，人による環境改変が各所で行われてきました。国土地理院の資料によると，日本の海岸線，約 3 万 km のうち 55 ％は，何らかの工事が施されています。世界で 6 番目に長い海岸線を持つ国ですが，いまや自然状態のほうが少ないことになります。人間よりも前に地球上に現れた生物たちは，したたかですが，長い時間をかけて生息環境にこだわりを持った魚たちも少なからずいます。そうした生き物の多く

は，人間が改変した環境で共存できるわけではありません。一方で，環境改変による恩恵を受けて，私たちは昔と比べて楽な生活を享受しています。後戻りは無理でも，改変する速度は緩めたいところです。また，環境劣化につながる行為はすぐにでもやめられます。海の先住者と人との共存，人の欲望と知性や理性，これらの妥協点はいったいどこにあるのか。いまは，この答えを探す旅の真っ最中です。

謝辞

　本書のもととなった海外調査は，文部科学省の科学研究費補助金を得て実現できたものです。基盤研究（海外学術）の応募区分が 2018 年度でなくなり，海外調査を主体とした研究が難しくなりました。個人的にも還暦を迎え，一つの区切りと思っていた矢先に，海文堂の岩本登志雄さんから"北水ブックス"への執筆の誘いを受けました。書きたい本の構想があったので，すぐに執筆に取りかかりました。半分くらい書き終えた頃，海文堂をググってみました。海事関連の法規書や教科書を専門とする堅実な老舗出版社であることを知りました。気付くのが遅すぎました。止まりません。書きたかった話を書きたいスタイルで貫きました。高尚な研究者は拙著を雑文と仕分けるかもしれませんが，それもやむなしです。寛容な岩本さんに深謝いたします。

　一方，本書の随所に掲載した魚の生態写真に驚かれた方も多いと思います。寒流が流れる海の本当の姿は，色鮮やかに躍動する生き物たちの棲み処です。見つけられてもジッとこちらを見つめ，接近してもすぐには逃げない寒流域の魚類は，フォトジェニックな生き物たちです。形態も生態もユニークな彼らの魅力をきっちりとフレームに収めた写真の掲載を快く許可してくださった佐藤長明さんにあらためてお礼を申し上げたいと思います。また，本書で取り上げた研究の遂行に際し，紙面に掲げた方々以外にも多くの師や同志に恵まれました。ご指導とご協力を惜しまれなかったすべてのみなさまと家族に，この場を借りて深くお礼を申し上げます。ありがとうございました。

　浄土を旅する先達に本書を捧げ，PC をシャットダウンします。

　令和 2 年 3 月 3 日　　　　　　　　　　　　　　　　　　　　　　　　宗原 弘幸

参考文献

Abe, T. & H. Munehara. 2005. Spawning and maternal care behaviors of a copulating sculpin *Radulinopsis taranetzi*. J Fish Biol 67: 201–212.

Abe, T. & H. Munehara. 2009. Adaptation and Evolution of Reproductive mode in Copulating Cottoid Species. pages 221–246 in B.G.M. Jamieson, ed. "Reproductive Biology and Phylogeny in Fishes", Science Publisher.

Abe, T., K. Sekiguchi, H. Onishi, K. Muramatsu & K. Kamito. 2012. Observations on a school of ocean sunfish and evidence for a symbiotic cleaning association with albatrosses. Mar Biol 159: 1173–1176.

Akagawa, I., T. Iwamoto, S. Wakanabe & M. Okiyama. 2004. Reproductive Behaviour of Japanese Tubesnout, *Aulichthys japonicus* (Gasterosteiformes), in the Natural Habitat Compared with Relatives. Environ Biol Fishes 70: 353–361.

Awata, S., M.R. Kimura, N. Sato, K. Sakai, T. Abe & H. Munehara. 2010. Breeding season, spawning time, and description of spawning behaviour in the Japanese ornate dragonet, *Callionymus ornatipinnis*: a preliminary field study at the northern limit of its range. Ichthyol Res 57: 16–23.

Awata, S., H. Sasaki, T. Goto, Y. Koya, H. Takeshima, A. Yamazaki & H. Munehara. 2019. Host selection and the evolution of ovipositor morphology in nine sympatric species of sculpins that deposit their eggs into tunicates or sponges. Mar Biol 166: 59–71.

Balanov, A.A., A.I. Markevich, D.V. Antonenko & K.D. Crow. 2001. The first occurrence of hybrids of *Hexagrammos otakii* x *H. octogrammus* and description of *H. otakii* from Peter the Great Bay (The Sea of Japan). J Ichthyol 41: 728–738.

Briggs, J.C. 2000. Centrifugal speciation and centres of origin. J Biogeography 27: 1183–1188.

Briggs, J.C. 2003. Marine centres of origin as evolutionary engines. J Biogeography 30: 1–18.

Crow, K., H. Munehara, Z. Kanamoto, A. Balanov, D. Antonentko & G. Bernardi. 2004. Molecular phylogeny of the hexagrammid fishes using a multi-locus approach. Mole Phylogen and Evol 32: 986–997.

Crow, K., H. Munehara, Z. Kanamoto, A. Balanov, D. Antonentko & G. Bernardi. 2007. Maintenance of species boundaries despite rampant hybridization between three species of reef fishes (Hexagrammidae): implications for the role of selection. Biol J the Linnean Society 91: 135–147.

Crow, K., H. Munehara & G. Bernardi. 2010. Sympatric speciation in a genus of marine reef fishes. Mole Ecol 57: 16–23.

DeVries, A.L. & D.E.Wohlschlag. 1969. Freezing Resistance in Some Antarctic Fishes. Science 163(3871), 1073–1075.

Elmer, K.R. & A. Meyer. 2010. Sympatric speciation without borders? Mole Ecol 19: 1991–1993.

Elmer, K.R., S. Fan, H.M. Gunter, J.C. Jones, S. Boekhoff, S. Kuraku & A. Meyer. 2010. Rapid evolution and selection inferred from the transcriptomes of sympatric crater lake cichlid fishes. Mole Ecol 19(S): 197–211.

Futuyma, D.J. 2009. "Evolution the 2nd eds", Sinauer.

Goldschmidt, T.（丸武志訳）. 1999.『ダーウィンの箱庭ヴィクトリア湖』, 草思社.

Hatano, M., T. Abe, T. Wada & H. Munehara. 2015. Ontogenetic metamorphosis and extreme sexual dimorphism in lumpsuckers: Identification of the synonyms *Eumicrotremus asperrimus* (Tanaka, 1912), *Cyclopteropsis bergi* Popov, 1929 and *Cyclopteropsis lindbergi* Soldatov, 1930. J Fish Biol 86: 1121–1128.

Hayakawa, Y. & H. Munehara. 2001. Facultatively internal fertilization of non-copulating marine sculpin, *Hemilepidotus gilberti* Jordan and Starks (Scorpaeniformes: Cottidae). J Exp Mar Biol Ecol 256: 51–58.

Hayakawa, Y. & H. Munehara. 2002. Initiation of sperm motility depending on a change in externally osmotic pressure in the non-copulatory marine cottid fish, *Gymnocanthus herzensteini*. Icthyol Res 49: 291–293.

Hayakawa, Y., A. Komaru & H. Munehara. 2002a. Ultrastructural Observations of Eu- and Paraspermiogenesis in the Cottid Fish *Hemilepidotus gilberti* (Teleostei: Scorpaeniformes: Cottidae). J Morphol 253: 243–254.

Hayakawa, Y., H. Munehara & A. Komaru. 2002b. Obstructive role of the dimorphic sperm in a non-copulatory marine sculpin *Hemilepidotus gilberti* to prevent other males' eusperm from fertilization. Environ Biol Fish 64: 419–427.

Hayakawa, Y. & H. Munehara. 2003. Comparison of ovarian functions for keeping embryos by measurement of dissoloved oxygen concentrations in ovaries of copulatory and non-copulatory ovaiparous fishes and viviparous fishes. J Exp Mar Biol Ecol 295: 245–255.

Hebert, P.D.N., A. Cywinska, S.L. Ball & J.R. deWaard. 2003. "Biological identifications through DNA barcodes". Proc the Royal Soc London Series B: Biological Sciences 270: 313–321.

Hew, C.L., G.L. Fletcher & V.S. Ananthanarayanan. 1980. Antifreeze proteins from the shorthorn sculpin, *Myoxocephalus scorpius*: isolation and characterization. Can J Biochem 58: 377–383.

Kent, D., I. Fisher & J.D. Marlieve. 2011. Interspecific nesting in marine fishes: spawning of the spinynose sculpin, *Asemichtys taylori*, on the eggs of the buffalo sculpin, *Enophrys bison*. Ichthyol Res 58: 355–359.

Kimura-Kawaguchi, M., M. Horita, S. Abe, K. Arai, M. Kawata & H. Munehara. 2014. Identification of hemi-clonal reproduction in three species of *Hexagrammos* marine reef fishes. J Fish Biol 85: 189–209.

Koya, Y., K. Takano & H. Takahashi. 1993. Ultrastructural observations on sperm penetration in the egg of elkhorn sculpin, *Alcichthys alcicornis*, showing internal gametic association. Zool Sci 10: 93–101.

Koya, Y., Y. Hayakawa, A. Markevich & H. Munehara. 2011. Comparative studies of testicular structure and sperm morphology among copulatory and non-copulatory sculpins (Cottidae: Scorpaeniformes: Teleostei). Icthyol Res 58: 109–125.

Markevich, A.I. 2000. Spawning of the sea raven *Hemitripterus villosus* in Peter the Great Bay, Sea of Japan. Russ J Mar Biol 26: 283–285.

Marlieve, J.B. 1986. Lack of planktonic dispersal of rocky intertidal fish larvae. Trans Am Fish Soc 115: 149–154.

Mecklenburg, C.W., T.A. Mecklenburg & L.K. Thorsteinson. 2002. "Fish of Alaska", US Geological Survey.

Munehara, H. 1988. Spawning and subsequent copulating behavior of the elkhorn sculpin *Alcichthys alcicornis* in an aquarium. Japan J Ichthyol 35: 358–364.

Munehara, H., K. Takano & Y. Koya. 1989. Internal gametic association and external fertilization in the elkhorn sculpin, *Alcichthys alcicornis*. Copeia 1989: 673–678.

Munehara, H. 1991. Utilization and ecological benefits of a sponge as spawning bed by the little dragon sculpin *Blepsias cirrhosus*. Japan J Ichthyol 38: 179–184.

Munehara, H. 1992. Utilization of polychaete tubes as spawning substrate by the sea raven *Hemitripterus villosus* (Scorpaeniformes). Environ Biol Fish 33: 395–398.

Munehara, H., Y. Koya & K. Takano. 1994. Conditions for initiation of fertilization of eggs in the copulating elkhorn sculpin. J Fish Biol 45: 1105–1111.

Munehara, H. & T. Miura. 1995. Non-intentional filial egg cannibalism by the guarding male of *Hexagrammos otakii* (Pisces: Hexagramidae). J Ethology 13: 191–193.

Munehara, H. 1997. The reproductive biology and early life stages of *Podothecus sachi* (Pisces: Agonidae). Fisheries Bulletin 95: 612–619.

Munehara, H., Y. Koya, Y. Hayakawa & K. Takano. 1997. Extracellular environments for initiation of fertilization and micropylar plug generated after fertilization in the copulating cottid species, *Hemitripterus villosus* (Scorpaeniformes). J Exp Mar Biol and Ecol 211: 279–289.

Munehara, H., Z. Kanamoto & T. Miura. 2000. Spawning behavior and interspecific breeding in three Japanese greenlings (Hexagrammidae). Ichthyol Res 47: 287–292.

Munehara, H. & A.I. Markevich. 2003. Spawning behavior of Japan Sea greenling, *Pleurogrammus azonus*, off the Bol'shoi Pelis Island, Peter the Great bay, Russia. Bull Fac Fish Sci Hokkaido Univ 54: 67–72.

Munehara, H., Y. Tanaka & T. Futamura. 2009. Novel sledge net system employing propulsion vehicles for sampling demersal organisms on sandy bottoms. Estuarine Coastal and Shelf Science 83: 371–377.

Munehara, H. & H. Murahana. 2010. Sperm allocation pattern during a reproductive season in the copulating marine cottoid species, *Alcichthys alcicornis*. Environ Biol Fish 83: 371–377.

Munehara, H., M. Horita, M.R. Kimura-Kawaguchi & A. Yamazaki. 2016. Origins of two hemiclonal hybrids among three *Hexagrammos* species (Teleostei: Hexagrammidae): genetic diversification through host switching. Ecology & Evolution 6: 7126–7140.

Nazarkin, M.V. 1999. On the finding of a big-mouth sculpin fish (Hemitripteridae) in Miocene fossils of Sakhalin. J Ichthyol 39: 370–376.

Nelson, J.S., T.C. Grande & M.V.H. Wilson. 2016. "Fish of the World the 5th eds", Wiley.

Parker, G.A. 1970. Sperm competition and its evolutionary consequences in the insects. Biol Rev 45: 525–567.

Petersen, C.W., C. Mazzoldi, K.A. Zarrella & R.E. Hale. 2005. Fertilization mode, sperm characteristics, mate choice and parental care patterns in *Artedius* spp. (Cottidae). J Fish Biol 67: 239–254.

Ragland, H.C. & E.A. Fischer. 1987. Internal fertilization and male parental care in the scalyhead sculpin, *Artedius harringtoni*. Copeia 1987: 1059–1062.

Reich, D.（日向やよい訳）. 2018.『交雑する人類―古代 DNA が解き明かす新サピエンス史』, NHK 出版.

Rocha, L.A. & B.W. Bowen. 2008. Speciation in coral-reef fishes. J Fish Biol 72: 1101–1121.

Rubinsky, B., A. Arv, A. Marrioli & A.L. DeVries. 1990. The effect of antifreeze glycopeptides on membrane potential changes at hypothermic temperatures. Biochem Biophys Res Commun 173: 1369–1374.

Sato, N. & H. Munehara. 2008. Estimated life span of the Japanese pygmy squid, *Idiosepius paradoxus* from statolith growth increments. J Mar Biol Assoc UK 88: 391–394.

Sato, N., S. Awata & H. Munehara. 2009. Seasonal occurrence and sexual maturation of Japanese pygmy squid (*Idiosepius paradoxus*) at the northern limits of their distribution. ICES J Marine Science 66: 811–815.

Sato, N., T. Kasugai & H. Munehara. 2013. The possibility of over-wintering by *Idiosepius paradoxus* at the northern limits of its distribution. Am Malacological Bulletin 31: 101–104.

Shinohara, G. 1994. Comparative morphology and phylogeny of the suborder hexagrammoidei and related taxa (Pisces: Scorpaeniformes). Mem Fac Fish Hokkaido Univ 41: 1–97.

Shinohara, G. & H. Imamura. 2007. Revisiting recent phylogenetic studies of "Scorpaeniformes". Ichthyol Res 54: 92–99.

Smith, W.L. & M.S. Busby. 2014. Phylogeny and taxonomy of sculpins, sandfishes, and snailfishes (Perciformes: Cottoidei) with comments on the phylogenetic significance of their early-life-history specializations. Mole phylogenetics and Evolution 79: 332–352.

Stockley, P., M.J.G. Gage, G.A. Parker & A.P. Møller. 1997. Sperm competition in fishes: the evolution of testis size and ejaculate characteristics. Am Nat 149: 933–954.

Stöck, M., K.P. Lampert, D. Möller, I. Schlupp & M. Schartl. 2010. Monophyletic origin of multiple clonal lineages in an asexual fish (*Poecilia formosa*). Mole Ecol 19: 5204–5215.

Suzuki, S., K. Arai & H. Munehara. 2017. Karyological evidence of hybridogenesis in Greenlings (Teleostei: Hexagrammidae). PLoS ONE 12: e0180626.

Suzuki, S., K. Arai & H. Munehara. 2020. Unisexual hybrids break through an evolutionary dead end by two-way backcrossing. Evolution 74: 392–403.

Tsuruoka, O., H. Munehara & M. Yabe. 2006. A new cottid species, *Icelus sekii* (Perciformes: Cottoidei), from Hokkaido, Japan. Ichthyol Res 53: 47–51.

Tsuruoka, O., S. Maruyama & M. Yabe. 2008. Revision of the cottid genus *Astrocottus bolin* (Perciformes: cottoidei), with the description of a new species from northern Japan. Bull Natl Mus Nat Sci, Ser A suppl 2: 25–37.

Tsuruoka, O., T. Abe & M. Yabe. 2009. Validity of the cottid species *Stelgistrum mororane* transferred to the genus *Icelus* (Actinopterygii: Perciformes: Cottoidei), with confirmed records of *Stelgistrum stejnegeri* from Japanese waters. Species Diversity 14: 97–114.

Ward, R.D., T.S. Zelmak, B.H. Innes, P.R. Last & P.D.N. Herbert. 2005. DNA barcoding Australia's fish species. Philosoph Trans the Royal Society B 360: 1847–1857.

Wilson, D.E. 1973. Revision of the cottid geneus *Gymnocanthus*, with a description of their osteology. Department of zoology, the University of British Columbia.

Yabe, M. & Maruyama. 2001. Systematics of sculpins of the genus *Radulinopsis* (Scorpaeniformes: Cottidae), with the description of a new species from northern Japan and the Russian Far East. Ichthyol Res 48: 51–63.

Yamazaki, A., A.I. Markevich & H. Munehara. 2013. Molecular phylogeny and zoogeography of marine sculpins in the *Gymnocanthus* (Teleostei; Cottidae) based on mitochondrial DNA sequences. Mar Biol 160: 2581–2589.

Yamazaki, A. & H. Munehara. 2015. Identification of larvae of two *Gymnocanthus* (Cottidae) species based on melanophore patterns. Ichthyol Res 62: 240–243.

Yamazaki, A., Y. Nishimiya, S. Tsuda, K. Togashi & H. Munehara. 2018. Gene expression of antifreeze protein in relation to historical distributions of *Myoxocephalus* fish species. Mar Biol 165: 165–181.

Yamazaki A., Y. Nishimiya, S. Tsuda, K. Togashi & H. Munehara. 2019. Freeze tolerance in sculpins (Pisces; Cottoidea) inhabiting North Pacific and Arctic Oceans: antifreeze activity and genetic structure of the antifreeze protein. Biomolecules 9(4): 139–151.

尼岡邦夫・仲谷一宏・矢部衛．2011．『北海道の全魚類図鑑』，北海道新聞社．

池谷仙之・北里洋．2004．『地球生物学』，東京大学出版会．

沖山宗男．2014．『日本産稚魚図鑑 第 2 版』，東海大学出版会．

川口弘一．2005．『南極の自然史』，東海大学出版会．

小泉格．2006．『日本海と環日本海地域』，角川学芸出版．

古屋康則・宗原弘幸・高野和則．1994．ニジカジカ *Alcichthys alcicornis* の生殖周期と産卵生態．魚類学雑誌 41(1): 39–45．

古屋康則．2011．カジカ科魚類の雄における生殖関連形質の多様性，pages 122–132．『カジカ類の多様性』，宗原弘幸ら編，東海大学出版会．

サイエンス編集部．1989．『南極海の魚はなぜ凍らない』，日経サイエンス社．

田中善規・鶴岡理・二村智之・宗原弘幸．2009．北海道南部太平洋岸臼尻沿岸からソリネットで採集された 5 種の魚類．北大水産科学研究彙報 59: 73–80．

津田栄．2018．『不凍タンパク質の機能と応用 Functions and Applications of Antifreeze Protein』，シーエムシー出版．

中坊徹次．2013．『日本産魚類検索 第 3 版』，東海大学出版会．

西村三郎．1974．『日本海の成立 生物地理学からのアプローチ』，築地書館．

西村三郎．1981．『地球の海と生命』，海鳴社．

能田成．2008．『日本海はどう出来たか』，ナカニシヤ出版．

宗原弘幸．1999．カジカ類における交尾行動の進化，pages 163–180．『魚の自然史』，松浦啓一・宮正樹編，北海道大学図書刊行会．

宗原弘幸・佐藤長明・渡辺信次．1999．クチバシカジカの繁殖生態．伊豆海洋通信 10: 2–3．

宗原弘幸．2001．アイナメの嫁取り，pages 151–168．『魚のエピソード』，尼岡邦夫編，東海大学出版会．

宗原弘幸．2003．血縁と配偶システム，pages 33–47．『水産学シリーズ 水産生物の性発現と行動生態』，中園明信編，恒星社厚生閣．

宗原弘幸．2006．「特集 精子競争 特集にあたって」，『精子競争』，生物の科学 遺伝，60: 15–17，NTS．

宗原弘幸．2011．生態進化から見たカジカ類の適応放散とそのプロセス，pages 85–120．『カジカ類の多様性』，宗原弘幸ら編，東海大学出版会．

百田和幸・宗原弘幸．2017a．トクビレ科ヤギウオ *Pallasina barbata*（Steindacher, 1876）の繁殖生態と形態発育．北大水産科学彙報 67: 7–12．

百田和幸・宗原弘幸．2017b．北海道函館市臼尻から SCUBA 潜水によって採集された北限記録 6 種を含む初記録 9 種の魚類．北大水産科学研究紀要 59: 1–18．

山崎彩・永野優季・菊地優・百田和幸・鈴木将太・五十嵐健志・宗原弘幸．2015．潜水調査による下北半島沿岸域の魚類相調査報告．北大水産科学研究紀要 57: 1–24．

山崎彩・宗原弘幸．2018．カジカ科魚類の低温適応と不凍タンパク質，pages 85–95．『不凍タンパク質の機能と応用 Functions and Applications of Antifreeze Protein』，津田栄監修，シーエムシー出版．

山崎晴雄・久保純子．2017．『日本列島 100 万年史』，講談社．

山本喜一郎．1980．『ウナギの誕生—人工孵化への道』，北海道大学出版会．

吉村仁．2005．『素数ゼミの謎』，文藝春秋社．

■著者　宗原 弘幸（むねはら ひろゆき）

北海道小樽市生まれ。北海道大学大学院水産学研究科博士課程修了。北海道大学北方生物圏フィールド科学センター臼尻水産実験所所長・教授。

著書：『カジカ類の多様性 ―適応と進化』（共編・共著, 東海大学出版会），『Reproductive Biology and Phylogeny in Fishes』（共著, Science Publishers），『遺伝子の窓から見た動物たち ―フィールドと実験室をつないで』（共著, 京都大学学術出版会），『魚類の社会行動 3』（共著, 海游舎），『魚の自然史』（共著, 北海道大学図書刊行会）など多数。

■写真協力　佐藤 長明（さとう ながあき）

宮城県志津川町（現 南三陸町）生まれ。宮城県南三陸町と函館市南かやべ地区にて，ダイビングサービス「グラントスカルピン」を経営する北海のカリスマガイド。2000年に南三陸店オープン（2011〜2019年まで震災により休店），2013年より北海道大学臼尻水産実験所の隣接地に函館店オープン。『世界で一番美しいイカとタコの図鑑』，『日本クラゲ大図鑑』，『日本のハゼ』，『本州のウミウシ』など，多数の図鑑に写真提供。その他テレビ番組「ダーウィンが来た！」，「さわやか自然百景」などに撮影協力。社名は自身が野外で初めて繁殖行動を観察したクチバシカジカにちなむ。http://gruntsculpin.com/

ISBN978-4-303-80004-8

（北水ブックス）

北海道の磯魚たちのグレートジャーニー

2020年4月10日　初版発行　　　ⓒ H. MUNEHARA　2020

著　者　宗原弘幸　　　　　　　　　　　｜検印省略｜
発行者　岡田雄希
発行所　海文堂出版株式会社
　　　　本社　東京都文京区水道 2-5-4　（〒112-0005）
　　　　　　　電話 03（3815）3291（代）　FAX 03（3815）3953
　　　　　　　http://www.kaibundo.jp/
　　　　支社　神戸市中央区元町通 3-5-10　（〒650-0022）
日本書籍出版協会会員・工学書協会会員・自然科学書協会会員

PRINTED IN JAPAN　　　　　　　印刷　ディグ／製本　誠製本

付表a　海外調査で採集した魚種リスト　文字, セルの色については表の下に記した。

Family	2007年10〜11月 ピョートル大帝湾周辺 (PY) 標準和名	Species name	2011年8月, 14年7月 カムチャツカ半島アバチャ湾周辺 (KA) Species name	English name	2006年6〜7月 アラスカ, ウナラ Species name	
Salmonidae					Salvelinus malma	Do
Syngnathidae						
Embiotocidae						
Gobiesocidae						
Gobiesocidae						
Trichodontidae					Trichodon trichodon	Pa
Ammodytidae	イカナゴ	Ammodytes hexapterus			Ammodytes hexapterus	Pa
Scorpaenidae					Sebastes sp.	
Scorpaenidae						
Hexagrammidae	クジメ	Hexagrammos agrammus			Pleurogrammus monopterygius	A
Hexagrammidae	スジアイナメ	Hexagrammos octogrammus	Hexagrammos octogrammus	Masked greenling	Hexagrammos octogrammus	M
Hexagrammidae	エゾアイナメ	Hexagrammos stelleri				
Hexagrammidae	アイナメ	Hexagrammos otakii			Hexagrammos decagrammus	Ke
Hexagrammidae			Hexagrammos lagocephalus	Rock greenling	Hexagrammos lagocephalus	Ro
Rhamphocottidae					Rhamphocottus richardsonii	G
Cottidae	(ニジカジカ)	Alcichthys elongatus			Triglops metopias	H
Cottidae	ハゲカジカ	Gymnocanthus pistilliger	Gymnocanthus detrisus	Purplegray sculpin	Gymnocanthus pistilliger	Tl
Cottidae	アイカジカ	Gymnocanthus intermedius	Gymnocanthus galeatus	Armorhead sculpin	Gymnocanthus galeatus	A
Cottidae	ツマグロカジカ	Gymnocanthus herzensteini	Gymnocanthus herzensteini	Black edged sculpin		
Cottidae			Hemilepidotus gilberti	Japanese Irish lord	Hemilepidotus hemilepidotus	R
Cottidae			Hemilepidotus jordani	Yellow Irish lord	Hemilepidotus jordani	Y
Cottidae	イトヒキカジカ	Argyrocottus zanderi	Stelgistrum concinnum	Largeplate sculpin	Icelinus borealis	N
Cottidae	オニカジカ	Enophrys diceraus	Enophrys diceraus	Antlered sculpin	Radulinus taylori	S
Cottidae			Enophrys lucasi	Leister sculpin	Enophrys lucasi	L
Cottidae	オクカジカ	Myoxocephalus jaok	Myoxocephalus polyacanthocephalus	Great sculpin	Myoxocephalus polyacanthocephalus	G
Cottidae	ギスカジカ	Myoxocephalus stelleri	Myoxocephalus stelleri	Frog sculpin		
Cottidae	シモフリカジカ	Myoxocephalus brandti			Oligocottus maculosus	T
Cottidae	ヒメフタスジカジカ	Icelinus pietschi				
Cottidae	フサカジカ	Porocottus allisi				
Cottidae	オホーツクツノカジカ	Microcottus sellaris			Clinocottus embryum	C
Cottidae	ベロ	Bero elegans				
Cottidae	ヤセカジカ	Radulinopsis derjavini			Artedius harringtoni	S
Cottidae	キマダラヤセカジカ	Radulinopsis taranetzi			Artedius fenestralis	P
Cottidae					Artedius creaseri	R
Cottidae						
Cottidae					Ruscarius meanyi	P
Cottidae					Cottidae gen. sp.	
Cottidae					Cottus aleuticus	C
Cottidae						
Cottidae						
Cottidae						
Cottidae						
Hemitripteridae	イソバテング	Blepsias cirrhosus	Blepsias cirrhosus	Silverspotted sculpin	Blepsias cirrhosus	S
Hemitripteridae	オコゼカジカ	Nautichthys pribilovius	Nautichthys pribilovius	Sailfin sculpin	Nautichthys oculofasciatus	S
Hemitripteridae	ケムシカジカ	Hemitripterus villosus	Hemitripterus villosus	Sea raven		
Psychrolutidae					Psychrolutes sigalutes	P
Agonidae			Podothecus accipenserinus	Sturgeon poacher	Podothecus accipenserinus	S
Agonidae			Podothecus veternus	Veteran poacher	Podothecus veternus	V
Agonidae			Occella dodecaedron	Bering poacher		
Agonidae			Bothragonus occidentalis	Flathead		
Liparidae			Liparis sp.		Liparis florae	T
Liparidae			Liparis callyodon	Spotted snailfish	Liparis greeni	L
Liparidae			Paraliparis sp.			
Cyclopteridae			Aptocyclus ventricosus	Smooth lumpsucker		
			Eumicrotremus taranetzi	Tranetz's lumpsucker		
Bathymasteridae	スミツキメダマウオ	Bathymaster derjugini			Bathymaster caeruleofasciatus	A
Bathymasteridae			Bathymaster leurolepis	Smallmouth ronquil	Bathymaster leurolepis	S
Stichaeidae	アキギンポ	Chirolophis saitone	Gymnoclinus cristulatus	Trident prickleback	Chirolophis decoratus	D
Stichaeidae	アメガジ	Stichaeopsis epallax			Lumpenus sagitta	
Stichaeidae	キタムシャギンポ	Alectrias alectrolophus			Anoplarchus purpurescens	
Stichaeidae	ヒゲキタノトサカ	Alectrias cirratus			Pholis laeta	
Stichaeidae	ニセタウエガジ	Stichaeus punctatus				
Stichaeidae	ハナイトギンポ	Neozoarces steindachneri				
Gobiidae						
Pholidae	ニシキギンポ属	Pholis sp.				
Pleuronectidae			Pleuronectes quadrituberculatus	Alaska plaice	Platichthys stellatus	
Pleuronectidae			Pleuronectes asper	Yellowfin sole, alaska dab	Pleuronectes quadrituberculatus	
Pleuronectidae					Lepidopsetta polyxystra	
Pleuronectidae						

採集したカジカ上科魚類の種数	22		23
PYとKAで採集した種数	5		5
PY, KA, AKで採集した種数	1		1
PY, KA, AK, VAで採集した種数	1		1
KAとAKで採集した種数			6
PYとAKで採集した種数	1		
KA, AK, VAで採集した種数			1
AKとVAで採集した種数			
AK, VA, MOで採集した種数			
VAとMOで採集した種数			

セル枠が実線は日本にも分布する種。
グレーの魚種は，潜水以外での採集，未同定種または潜水採集のターゲットではなかった種で，調査地間の比較からは除いた。また国後島・択捉島では採集努力量…
青字は稚魚を遺伝子分析で種同定した。